Wissen
auf einen Blick

Evolution

© Naumann & Göbel Verlagsgesellschaft mbH
Gesamtherstellung: Naumann & Göbel Verlagsgesellschaft mbH, Köln
Realisation und Redaktion: Guido Huß, Neslihan Kilic, Michaela Salden,
Anja Schlatterer, Anette Vogt, Julia Wahnschaffe (red.sign GbR,
Stuttgart)
Alle Rechte vorbehalten

ISBN: 978-3-625-11814-5

www.naumann-goebel.de

Wissen
auf einen Blick

Evolution

Kerstin Viering und Roland Knauer

Inhalt

Wissen
auf einen Blick

So könnte es ausgesehen haben – das evolutionäre Verbindungsglied zwischen Affe und Mensch. Bei Barcelona haben spanische Forscher das Skelett eines Wesens ausgegraben, das den lange gesuchten Missing Link darstellen könnte. Im Bild eine Rekonstruktion dieses Pierolapithecus catalaunicus.

Vorwort

Genau wie fast jeder Mensch wissen möchte, wo er herkommt und wohin er geht, wer seine Vorfahren sind und wie es seinen Nachkommen einst gehen wird, interessiert sich auch die Menschheit brennend für ihre Vergangenheit und ihre mögliche Zukunft. Und so finden sich in fast jeder Kultur Schöpfungsmythen, die zumindest die Herkunft der Menschheit und der Welt zu erklären versuchen. Weil eine genaue Beobachtung der Natur rasch lehrt, dass ohne Vorfahren keine Nachkommen entstehen, gibt es in den meisten Schöpfungsmythen Götter, die den Menschen und seine Welt ähnlich schaffen und formen wie Eltern Kinder bekommen und erziehen.

Der englische Forscher Charles Darwin aber versuchte in der Mitte des 19. Jh. seinen Zeitgenossen zu erklären, dass die gesamte Natur einschließlich der Menschen nicht schlagartig und rasch geschaffen wurde, sondern nach und nach entstand. Einzelne Organismen haben sich nach dieser von Darwin aufgestellten Evolutionstheorie zu anderen Arten weiterentwickelt und tun das wohl noch immer.

Die Evolutionstheorie sagt zwar überhaupt nichts über die Existenz oder Nichtexistenz eines Schöpfers aus. Aber sie widerspricht vielen Schöpfungsmythen. Das war und ist einer der Gründe für den heftigen Widerspruch, welcher der Evolutionstheorie von Charles Darwin bis heute entgegenschlägt. Gleichzeitig erschütterte die Theorie des Naturwissenschaftlers das Selbstverständnis der meisten Menschen: Fast jeder Mensch hält sich selbst für etwas Besonderes, jede Gesellschaft stellt sich selbst deutlich über den Rest der Natur. Auch diesem Gefühl widerspricht die Evolutionstheorie fundamental: Der Mensch habe sich langsam aus Menschenaffen entwickelt, die Verwandtschaft der Art, die sich selbst „Weiser Mensch" oder *Homo sapiens* nennt, lebt als Schimpansen im Kronendach des Regenwalds. Für diese Behauptung wurde Charles Darwin zeitlebens verspottet. Heute sind sich praktisch alle Naturwissenschaftler auf der Erde einig, dass Darwin recht hatte. Seine Evolutionstheorie ist mittlerweile durch so viele Indizien untermauert, dass seriöse Forscher sich nicht vorstellen können, welche Ergebnisse sie noch erschüttern könnten.

Wenn eine Art sich langsam zu einer anderen entwickelt, müssen Zwischenformen existieren, die in der Mitte des 19. Jh. noch nicht entdeckt waren. Im Lauf der Jahrzehnte aber entdeckten Paläontologen genau diese sogenannten Missing Links tatsächlich: So wurde in Bayern eine Versteinerung des *Archaeopteryx* entdeckt, eines Tieres, das sich entwicklungsgeschichtlich auf halbem Weg zwischen Saurier und Vogel befand. Und der *Tiktaalik* aus dem Gestein Nordkanadas ist offensichtlich ein Fisch, der sich auf den Landgang vorbereitet hat.

Heute wissen Biologen recht genau, wie Echsen und Fledermäuse fliegen lernten oder wie sich Säugetiere und Vögel entwickelt haben, die im Meer zu Hause sind. Und über viele Jahrmillionen zog sich eine Entwicklung hin, bis ein Klimawandel einigen schimpansenähnlichen Affen im damaligen Regenwald Ostafrikas die Bäume entzog und sie auf den Boden der Savanne zwang. Als die Lebensbedingungen sich für diese Affen weiter verschlechterten, passten sie sich an und entwickelten das uralte Organ Gehirn so lange weiter, bis es genug „Intelligenz lieferte", um die widrigen Umweltbedingungen zu meistern. Und immer wieder fanden und finden die Forscher Missing Links, die sozusagen Schnappschüsse der Menschheitsentwicklung zeigen. Bessere Beweise für die Richtigkeit seiner Evolutionstheorie hätte sich Charles Darwin nicht wünschen können.

Die Arche hatte nicht Platz für alle
Erste Forschungen zur Entwicklung der Arten

Zweifel an den Schöpfungsmythen hatte nicht erst der Engländer Charles Darwin (1809–82). Immer neue Arten von Tieren und Pflanzen hatten Forscher in den Jahrhunderten davor beschrieben. Wie nur sollten diese vielen Organismen – vom Leoparden bis zum Mahagonibaum, von der Biene bis zum Schleimpilz – in der Arche Noah der Bibel Platz gefunden haben, fragten sich nachdenkliche Christen bald. Und dann gab es da noch die Überreste längst ausgestorbener Arten, die im Wasser lebten und denen die Sintflut also wenig hätte anhaben können.

Rätsel aus der Urzeit
Je öfter Menschen im Boden gruben, um Keller, Straßen oder Brunnen zu bauen, umso häufiger stießen sie auf versteinerte Knochen solcher Lebewesen der Urzeit. Die Knochen eines Dinosauriers aber passten zu keinem damals bekannten Tier. Es musste also eine neue Art sein – die ausgestorben war.

In dieser Vielfalt lebender und längst verschwundener Organismen aber entdeckten die Forscher vor Charles Darwin verblüffende Ähnlichkeiten. So fielen ihnen an bestimmten Stellen verschiedener Organismen sehr ähnliche Knochen auf. Es konnte kaum ein Zufall sein, wenn so unterschiedliche Tiere wie Pferde, Schildkröten, Hühner oder längst ausgestorbene Riesenechsen Beine hatten. Wenn aber viele Säugetiere vier Beine hatten, während alle Vögel mit zweien dieser Gliedmaßen auskamen, musste es irgendeinen engen Zusammenhang zwischen diesen Tiergruppen geben.

„Vielleicht ist der Teufel ja Pflanzenfresser", scherzte Georges Cuvier (1769–1832) am Naturhistorischen Museum in Paris am Anfang des 19. Jh. Hat er doch wie die Kuh Hörner und Hufe. In diesem Witz aber steckte viel Wahrheit: Solche Ähnlichkeiten mussten irgendwo herkommen. Vielleicht stammten Tiere mit Beinen von einem „Ur-Bein-Tier" ab, alle Tiere mit Flügeln wiederum hätten einen Urvogel als Ahnen. Am Anfang des 19. Jh. zog Jean-Baptiste de Lamarck (1744–1829) solche Schlüsse. Als er wirbellose Tiere untersuchte, stellte er Aufregendes fest: Anders als vermutet waren diese Organismen nicht immer gleich, sondern änderten sich im Lauf der Generationen. Es könnte also lange Stufenleitern von Organismen geben, vermutete Lamarck. Damit hatte er eine wichtige Vorarbeit für die Evolutionstheorie geleistet, die ja von einer Entwicklung der Arten ausgeht. Anschaulich aber wurde diese Theorie erst bei Charles Darwin. Und der lieferte auch eine plausible Erklärung, wie diese Entwicklung der Arten denn vor sich gehen könnte.

Dass der Leopard seinen Platz auf der Arche Noah gefunden hat, kann man sich leicht vorstellen. Wie aber passen ausgestorbene Wasserlebewesen in den christlichen Schöpfungsmythos?

Anerkennung – und Schmähungen
Charles Darwin hat durchaus Glück gehabt. Der Letzte, der vor ihm ähnlich revolutionäre Ideen äußerte, war Giordano Bruno. Für seine Thesen, Sterne seien nichts anderes als unsere Sonne, das Weltall wäre unendlich und darin gäbe es unendlich viele Lebewesen auf anderen Planeten, wurde der frühere Dominikanerpater am 17. 2. 1600 als Ketzer auf dem Scheiterhaufen verbrannt. 250 Jahre später zweifelte Darwin die Schöpfungsmythen praktisch aller Religionen an. Für seine Theorie, alle Organismen stammten nach langen Entwicklungen von gemeinsamen Vorfahren ab, erntete er zwar heftige Schmähungen. In der Naturwissenschaft aber waren seine Überlegungen rasch anerkannt.

Die Natur in Schubladen

Carl von Linné bringt Ordnung ins Tier- und Pflanzenreich

Bereits im 18. Jh. war eine schwindelerregende Fülle von Tieren und Pflanzen bekannt. So hatten selbst die Gelehrten längst den Überblick verloren. Die Artenvielfalt übersichtlich zu ordnen aber war eine Herausforderung, an der bis dahin alle Wissenschaftler gescheitert waren. Jeder Naturforscher gab den von ihm entdeckten Arten einfach beliebige lateinische Namen. Also konnte niemand nachvollziehen, ob vielleicht schon ähnliche oder sogar dieselben Tiere und Pflanzen beschrieben waren – und oft kursierten für dieselbe Art die verschiedensten Namen.

Der Buchhalter der Artenvielfalt

Erst der schwedische Arzt und Naturkundler Carl von Linné (1707–78) brachte Ordnung in dieses Chaos. Er führte eine systematische Methode ein, nach der Wissenschaftler bis heute alle neu entdeckten Lebewesen benennen. Dabei bekommt jede Art einen taxonomischen Doppelnamen. Der erste Teil davon bezeichnet die Gattung, der zweite die Art innerhalb der Gattung. Demnach heißt der Mensch z. B. *Homo sapiens* – die „weise" Art aus der Gattung *Homo*.

Ein Name allein genügte aber nicht, um die Vielfalt des Lebens überschaubarer zu machen. Linné entwickelte daher ein abgestuftes System von Schubladen, in die er Tiere und Pflanzen je nach der Ähnlichkeit ihres Körperbaus einordnete. Nach seiner Einteilung gehört z. B. die Klasse „Wirbeltiere" zum Tierreich, deren gemeinsames Merkmal der Besitz einer Wirbelsäule ist. Diese große Schublade enthält neben vielen anderen die Ordnung Primaten, die alle Affen umfasst. Innerhalb der Primaten findet sich die Gattung *Homo*, zu der die Art *Homo sapiens* gehört. Spätere Biologen fügten in dieses System zusätzliche Kategorien ein, um weitere Stufen der Ähnlichkeit unterscheiden zu können. Doch in ihren Grundzügen ist Linnés Ordnungsmethode bis heute gültig. Sie brachte ihm

Millionen von Arten

Seit Linnés Zeiten ist die Vielfalt der bekannten Lebewesen noch größer geworden. Etwa zwei Millionen Arten sind bisher wissenschaftlich beschrieben worden, darunter allein 950 000 verschiedene Insekten. Und jedes Jahr kommen weitere 10 000 neue Arten dazu. Trotzdem gibt es noch genügend Gelegenheiten für Neuentdeckungen: Wissenschaftler schätzen, dass insgesamt zwischen 10 und 100 Millionen verschiedene Arten auf der Erde leben.

einen enormen wissenschaftlichen Ruhm, der die Jahrhunderte überdauern sollte.

Pflanzliche Unzucht

Zu seinen Lebzeiten lösten Linnés Ideen allerdings keine einhellige Begeisterung aus. Denn er unterteilte das Pflanzenreich anhand der Zahl und Form von Staubgefäßen und Griffeln, also der männlichen und weiblichen Geschlechtsorgane. Abgesehen davon, dass diese Einteilung nicht immer zu sinnvollen Ergebnissen führte, stieß sich mancher Zeitgenosse auch an Linnés teilweise recht drastischen Anspielungen auf die menschliche Sexualität. Pflanzen mit mehr als 20 Staubgefäßen beschrieb er z. B. als „zwanzig und mehr Männer im selben Bett mit einer Frau". Angesichts solcher Zitate erstaunt es kaum, dass der Papst Linnés Buch „Systema Naturae" auf den Index setzte.

Auch der in Sankt Petersburg lehrende Botaniker Johann Georg Siegesbeck empörte sich über „solch verabscheuungswürdige Unzucht im Reich der Pflanzen" und über Linnés „unkeusches System", das man den Studenten unmöglich zumuten könne. Linné rächte sich später für diese Anwürfe, indem er einem unscheinbaren Unkraut den Namen *Siegesbeckia* verlieh.

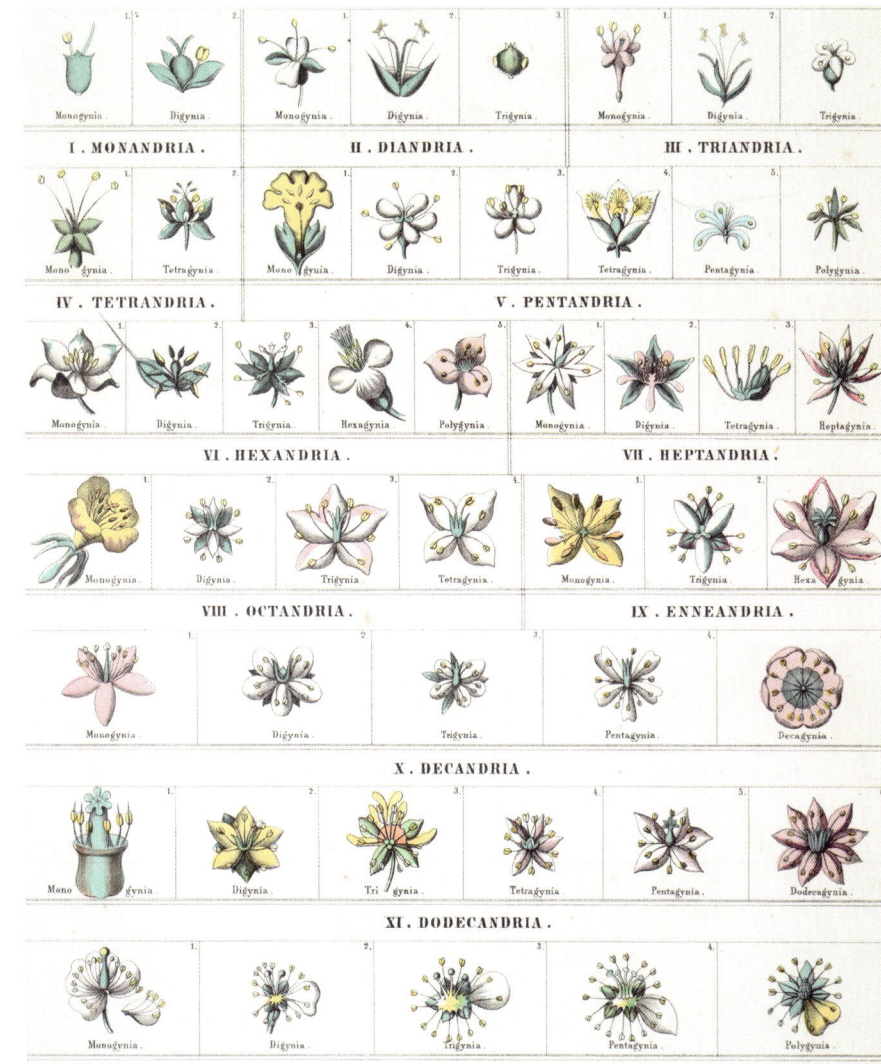

Die Blütenpflanzen systematisierte Carl von Linné anhand ihrer Blüten – nach Zahl und Form der Staubgefäße und Griffel sortiert – in Klassen und Ordnungen ein. Die Abbildung von 1861 aus T. Brommes Systematischer Atlas der Naturgeschichte zeigt den Ausschnitt einer Übersicht zum Linné'schen Pflanzensystem.

Die Muskeln des Schmiedes und der Hals der Giraffe

Lamarck stellt die Theorie von der Unveränderlichkeit der Arten infrage

Als die Naturforscher des 19. Jh. versuchten, die von Linné so schön klassifizierte Vielfalt der Arten zu erklären, beschritten sie einige Holzwege. Die wichtigste Frage war, welche Faktoren diese Entwicklung steuern könnten. Im Prinzip war die Antwort kinderleicht, nur die Umwelt kommt als „Steuerelement" infrage. Als Jean-Baptiste de Lamarck (1744–1829) am Naturhistorischen Museum in Paris aber eine Erklärung versuchte, wie die Umwelt die Entwicklung der Arten genau beeinflussen könnte, folgte er einem falschen Ansatz und verspielte so die Chance, als Vater der Evolutionstheorie in die Geschichte einzugehen.

Regnet es lange Zeit nicht, vertrocknet das Gras am Boden. Dann strecken die Tiere ihre Köpfe nach dem letzten Grün in den Baumwipfeln, vermutete Lamarck beispielsweise. Dabei werde nicht nur der Hals immer länger, sondern dieser längere Hals werde auch an die Nachkommen vererbt. So seien schließlich die Giraffen entstanden, die mit Trockenheit gut zurechtkommen, spekulierte der Forscher.

Die Kinder des Schmiedes

Eine solche Vererbung erworbener Eigenschaften aber funktioniert nicht. Lamarck selbst hat dazu ein Beispiel genannt: Seine schwere Arbeit kräftigt die Armmuskeln eines Schmiedes enorm. Diese kräftigen Oberarme vererbt der Handwerker an seine Söhne, vermutete der Forscher. Für diese Überlegung aber gibt es viele Gegenbeispiele: Die Nachkommen von weniger intelligenten Elternpaaren entpuppen sich manchmal durchaus als Genies. Es funktioniert aber auch umgekehrt: Nicht jedes Kind eines Klaviervirtuosen erbt dessen Talent und Liebe zur Musik.

Auf der „Beagle" zu Weltruhm

Irgendetwas musste also an der Theorie, Arten würden zunächst bestimmte Eigenschaften wie den langen Hals der Giraffe erwerben und diese dann an die Nachkommen weitergeben, falsch sein. Des Rätsels Lösung fand schließlich Charles Darwin, der in Cambridge Theologie studierte. Die Religionsausbildung enthielt damals jede Menge Naturwissenschaft, und dafür interessierte sich Darwin besonders. Vor allem Biologie und Geologie begeisterten den Studenten.

Als er 1831 sein Examen in der Tasche hatte, bereitete gerade der Kapitän Robert Fitzroy ein nur 27 m langes und 7,5 m breites Vermessungsschiff mit dem Namen „Beagle" für eine Entdeckungsreise vor: Die Küsten Südamerikas sollten endlich genau vermessen werden. Sechzig Mann Besatzung sollten auf diesem kleinen Schiff um die Welt fahren, bis auf den Platz für einen Naturforscher waren alle Posten bereits vergeben. Genau für diese Tätigkeit aber empfahlen seine Lehrer Charles Darwin. Geld sollte er für die lange Reise zwar nicht bekommen, aber immerhin war für reichliches Essen sowie einen Schlaf- und Arbeitsplatz gesorgt.

Fünf Jahre lang konnte der junge Wissenschaftler von der „Beagle" aus die Natur Südamerikas erforschen – eine Chance, die sich Darwin bekanntermaßen nicht entgehen ließ.

Ein verhinderter Arzt

Zunächst studierte Charles Darwin im schottischen Edinburgh Medizin. Einer seiner Lehrer hieß Robert Grant. Dieser machte als eifriger Anhänger von Jean-Baptiste de Lamarck seine Studenten mit dessen Theorie zur Entwicklung der Arten vertraut. Das interessierte Charles Darwin zwar sehr, mit dem Beruf des Arztes aber konnte er sich nicht so recht anfreunden. Der fügte in diesen Zeiten seinen Patienten oft ziemliche Schmerzen zu, wobei die Chance auf Heilung bisweilen eher gering war. Nach zwei Jahren brach Darwin das Medizinstudium zugunsten der Theologie daher ab.

Lamarck glaubte, dass sich Lebewesen während ihrer Lebenszeit veränderten, dass also z. B. ein Urahn der Giraffen sich nach der Nahrung strecken musste und so einen längeren Hals bekam. Diese erworbene Eigenschaft hätte er dann vererbt.

Die Reise auf der Beagle
Charles Darwin studiert den Ursprung der Arten

Die Geschichte der modernen Evolutionstheorie beginnt recht genau am Ende des Jahres 1831, als das Vermessungsschiff „Beagle" mit Charles Darwin an Bord in See stach. Über die Kapverdischen Inseln ging es nach Brasilien. Der junge Naturforscher fand auf dieser Reise viel Zeit, Pflanzen und Tiere, aber auch die Felsen an Land, zu untersuchen.

Auf den Galapagosinseln

Höhepunkt war der Abstecher auf die Galapagosinseln, die am Äquator tausend Kilometer vor der Küste Ecuadors im Pazifik liegen. Noch heute begegnen brütende oder ruhende Meerechsen den Menschen dort beinahe ohne Argwohn, weil sie keine Feinde kennen. Als Darwin auf den Inseln ankam, waren die Tiere

---

Vielfalt der Riesenschildkröten

Auf jeder Galapagosinsel lebt eine eigene Unterart von Galapagos-Riesenschildkröten. Der Rückenpanzer ist auf jeder Insel ein wenig anders geformt. Unabhängig voneinander konnten es diese vielen Unterarten unmöglich bis zum fernen Archipel geschafft haben, das war Charles Darwin klar. Landschildkröten lieben Salzwasser nämlich überhaupt nicht.

---

noch viel weniger scheu als heute. Keine 200 Menschen lebten auf den Inseln. Der Naturforscher ließ sich die Chance nicht entgehen, die Natur im Urzustand zu untersuchen. Die Inseln fernab des Festlands mussten als Vulkane entstanden sein, nur wenige Arten konnten das abgelegene Archipel erreicht haben – das war Darwin rasch klar. Und doch lebten auf jeder Insel andere Arten.

Allein 13 verschiedene Finkenarten fand der Forscher auf den Inseln. Diese Vielfalt – so weiß man heute – muss von ein paar Singvögeln aus den Familien der Tangaren-Vögel oder aus der der Ammern abstammen, die es auf eine der Inseln verschlagen hatte. Nach und nach haben die Nachkommen dieser gestrandeten Vögel die Inseln erobert und sich dabei an die jeweiligen Bedingungen angepasst. Der Waldsängerfink *Certhidea olivacea* blieb bei seiner Insektennahrung, die er mit seinem grazilen Schnabel wie mit einer Pinzette von Blättern und Steinen pickt. Insekten gibt es überall, diese Finkenart zwitschert daher auch auf allen Inseln des Archipels. Der Mangrovenfink *Camarhynchus heliobates* dagegen sucht sich Insekten und Larven nur im Mangrovenwald, der nur auf der Insel Isabella wächst. Statt des hellbraunen Gefieders am Bauch des Waldsängerfinken ist

der Bauch des Mangrovenfinken olivgrün – so ist er im Mangrovenwald besser getarnt. Der Mittelgrundfink *Geospiza fortis* dagegen hat sich auf das Knacken von Samen spezialisiert. Dazu braucht er einen wuchtigen Schnabel, mit dem er die harte Schale aufbricht. Der schwere Schnabel macht auch den Gesang des Vogels dunkler, der Waldsängerfink markiert sein Revier dagegen mit einem hellen Zwitschern. Diese Finkenarten begegneten sich zwar noch, verstanden sich aber nicht mehr und paarten sich daher auch nicht mehr. So entstanden zwei unterschiedliche Arten.

Modell der Artenvielfalt

Darwin aber wusste das alles noch nicht. Ihm fielen nur die unterschiedlichen Arten auf, die einfach nicht eingewandert sein konnten. Also zeichnete er seine Beobachtungen genau auf und nahm das Problem mit nach Hause. Mehr instinktiv als bewusst war ihm klar, dass er auf den Galapagosinseln ein kleines Modell gefunden hatte, das die Artenvielfalt auf dem Globus in Vergangenheit und Gegenwart nachbildete.

Auf den Galapagosinseln fand Darwin eine Art Lehrbuch der Evolution mit Drusenköpfen und Vögeln, die keine Scheu vor Menschen hatten.

Survival of the Fittest – eine radikale Theorie
Charles Darwin erkennt die Antriebskräfte der Evolution

Als Charles Darwin 1836 nach England zurückkam, gingen ihm die 13 Finkenarten der Galapagosinseln nicht mehr aus dem Kopf. Zwischen den Arten gab es zwar deutliche, aber jeweils doch nur kleine Unterschiede: Mal war der Schnabel ein wenig anders geformt, um mit der jeweils vorhandenen Nahrung besser zurechtzukommen. Dann wiederum hatten die Federn eine andere Farbe, um den Vogel optimal zu tarnen. Vielleicht änderten sich bestimmte Eigenschaften nur langsam, wurde z. B. der schmale Schnabel kräftiger, um Samen besser knacken zu können, grübelte Darwin.

Kohl beweist die Evolutionstheorie
Überzeugend beweist der Wildkohl die schritt- weise Entwicklung verschiedener Eigenschaften. Erst werden die Blätter größer und es entstehen Weiß- und Rotkohl. Kräuseln sich die Blätter, ist es Wirsing, den der Gärtner erntet. Wird der Übergang zwischen Wurzel und Blattstiel dicker, entwickelt sich Kohlrabi. Entstehen größere Knospen, gibt es im Winter leckeren Rosenkohl. Und wächst und verdickt sich der gesamte Blütenstand, gibt es Blumenkohl als neues Gemüse.

Die Motoren der Evolution
Aber welche Kraft sollte eine solche Entwicklung treiben? Erst ein Ausflug in die Wirtschaftswissenschaft lieferte Darwin schließlich die Erkenntnis über den Motor der Evolution. Der Engländer Robert Malthus (1766–1834) hatte 1798 eine sich öffnende Schere zwischen dem Bevölkerungswachstum und der Produktion von Nahrungsmitteln erkannt und so zyklisch wiederkehrende Hungersnöte vorausgesagt: Hatte ein Paar vier Kinder, die mit ihrem Partner später ebenfalls je vier Kinder bekamen, so wuchs die Bevölkerung laufend. Zwar könne man, so Malthus, durch verbesserte Anbaumethoden vielleicht 20 Prozent mehr Nahrungsmittel erwirtschaften, doch wachse die Bevölkerung schneller als die zur Verfügung stehende Nahrung. Erst wenn Hungersnöte, Krankheiten oder auch Kriege die Zahl der Menschen wieder reduzierten, reiche die Nahrung dann wieder für alle.

Ähnlich könnte auch die Entwicklung der Arten funktionieren, überlegte Darwin. Brütete ein Vogelpaar vier Eier aus, war die Situation genauso wie im Bevölkerungsbeispiel von Malthus. Deren Überleben war ebenso von Hungersnöten, Krankheiten und Konkurrenz bedroht. Wenn dann aber der Schnabel eines Vogels zufällig ein wenig breiter war, sodass er Samen besser knacken konnte, hatte der Breitschnäbler die besseren Überlebenschancen. Bei der nächsten Krise überlebten die Tiere besser, deren Schnabel noch etwas kräftiger ausfiel.

„Survival of the Fittest – Überleben des am besten Angepassten" umschreibt man dieses Prinzip heute. Genau damit aber fand Darwin den Motor, der hinter der Entstehung neuer Arten steckte, die er auf den Galapagosinseln beobachtet hat.

Meeressäuger
Und so ließ sich auch die Entwicklung der Meeressäuger von Land- zu Wassertieren erklären: Zunächst wurden die Beine breiter und die Tiere konnten besser paddeln. Viele Wasservögel haben daher Schwimmhäute zwischen den Zehen und vergrößern so die Fläche ihrer Füße enorm. Lebte eine Tiergruppe wie die Robben hauptsächlich im Wasser und kam nur noch zum Ausruhen und Gebären ans Land, verwandelten sich die Beine weiter in Richtung Flossen, auf denen sie an Land nur noch watscheln konnten. Bei Walen und Delfinen wurden die Flossen so optimiert, dass sie überhaupt nicht mehr an Land konnten.

Einst waren die zur Familie der Ohrenrobben gehörenden Seebären Landtiere. Ihre Beine haben sich im Lauf der Evolution zu Flossen entwickelt, mit denen sie an Land heute nur noch eher schlecht als recht vorankommen.

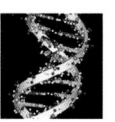

Der Aufbau des Erbguts
Wie Mutationen neue Arten schaffen

Als Charles Darwin seine Evolutionstheorie veröffentlichte, fegte ein Sturm der Entrüstung vor allem durch kirchliche Kreise. Ließ sich doch leicht folgern, dass sich auch der Mensch langsam entwickelt habe und als Vorfahre eigentlich nur Affen infrage kamen. Das aber passte so recht zu keiner der großen Weltreligionen. In den Naturwissenschaften dagegen schwand die Skepsis gegenüber der Evolutionstheorie, weil die Beweise für die schrittweise Entwicklung der Arten einfach zu erdrückend waren.

Spiralen und Ketten
Doch stellten sich nun neue Fragen: Irgendwo im Organismus musste es eine Art „Betriebsanleitung" geben, die genau festlegte, wie die Nachkommen aussehen würden. Stand in dieser Betriebsanleitung bei einer Vogelart etwa, „mach den Schnabel etwas breiter", entwickelte sich ein breiterer Schnabel und irgendwann vielleicht auch eine neue Art. Aber wie sah diese Betriebsanleitung aus? Und ließ sie sich ändern?
Bei der Antwort auf diese zentralen Fragen der Evolution tappten Naturwissenschaftler auch ein Jahrhundert nach Darwin noch weitgehend im Dunkeln. Erst in der Mitte des 20. Jh. gelang der Durchbruch: Die „Betriebs-

anleitung" ist auf einem riesigen Biomolekül festgehalten, das Biochemiker „Desoxyribonukleinsäure" nennen und mit DNA abkürzen. Diese DNA baut sich aus vielen Millionen winzig kleiner Bausteine auf, von denen es vier Grundtypen gibt. Adenin- (A), Cytosin- (C), Guanin- (G) und Thymin-Nukleotide (T) nennen Biochemiker diese kleinen Teilchen. Diese vier Bausteine fügen sich zu extrem langen Ketten aneinander, jeweils zwei dieser Ketten winden sich in langgezogenen Spiralen umeinander herum. Der Clou dieser Verbindung liegt im Zusammenhalt der beiden Ketten: Zwischen jeweils einem Nukleotid eines Stranges gibt es im Inneren der doppelten

Der genetische Code
Die Bausteine der DNA bilden einen Code, in dem jeweils drei aufeinander folgende Nukleotide eine Aminosäure verschlüsseln. Mit vier verschiedenen Nukleotiden lassen sich immerhin 64 Dreierkombinationen bilden, das reicht also leicht, um die heute bekannten 22 Aminosäuren zu codieren, aus denen sich Eiweiße aufbauen. Diese Eiweiße aber sind eine zentrale Grundstruktur jeder Zelle – die Bauanleitung für das Leben ist damit entschlüsselt.

Spirale eine recht feste Verbindung zu einem Nukleotid des anderen Stranges. Allerdings verbindet sich immer nur ein A mit einem T des anderen Stranges oder ein C mit einem G. Wie die Stufen einer Wendeltreppe halten diese Verbindungen die beiden DNA-Spiralen zusammen. Allerdings sprechen die Forscher nicht von einer „Wendeltreppe", sondern verwenden den wissenschaftlichen Ausdruck „Doppelhelix".

Die Vererbung der „Bauanleitung"
Mit diesem Aufbau war schlagartig klar, wie Lebewesen die Bauanleitung an ihre Nachkommen weitergeben können: Beide Spiralen trennen sich und jede einzelne Spirale lagert dann Nukleotid-Bausteine an, um wieder zu einer Doppelhelix zu werden: An ein A lagert sich immer ein T an, an ein C hängt sich ein G, an jedes T koppelt ein A und G verbindet sich mit einem C. So entsteht der vorher abgetrennte DNA-Strang neu. Damit aber ist auch der Weg zu den kleinen Veränderungen klar, die für die Evolution notwendig sind: Wird nur ein einziger Baustein aus den vielen Millionen Nukleotiden ausgetauscht, ist die Bauanleitung schon ein wenig verändert. Und das kann reichen, um beispielsweise den Schnabel ein wenig breiter zu machen.

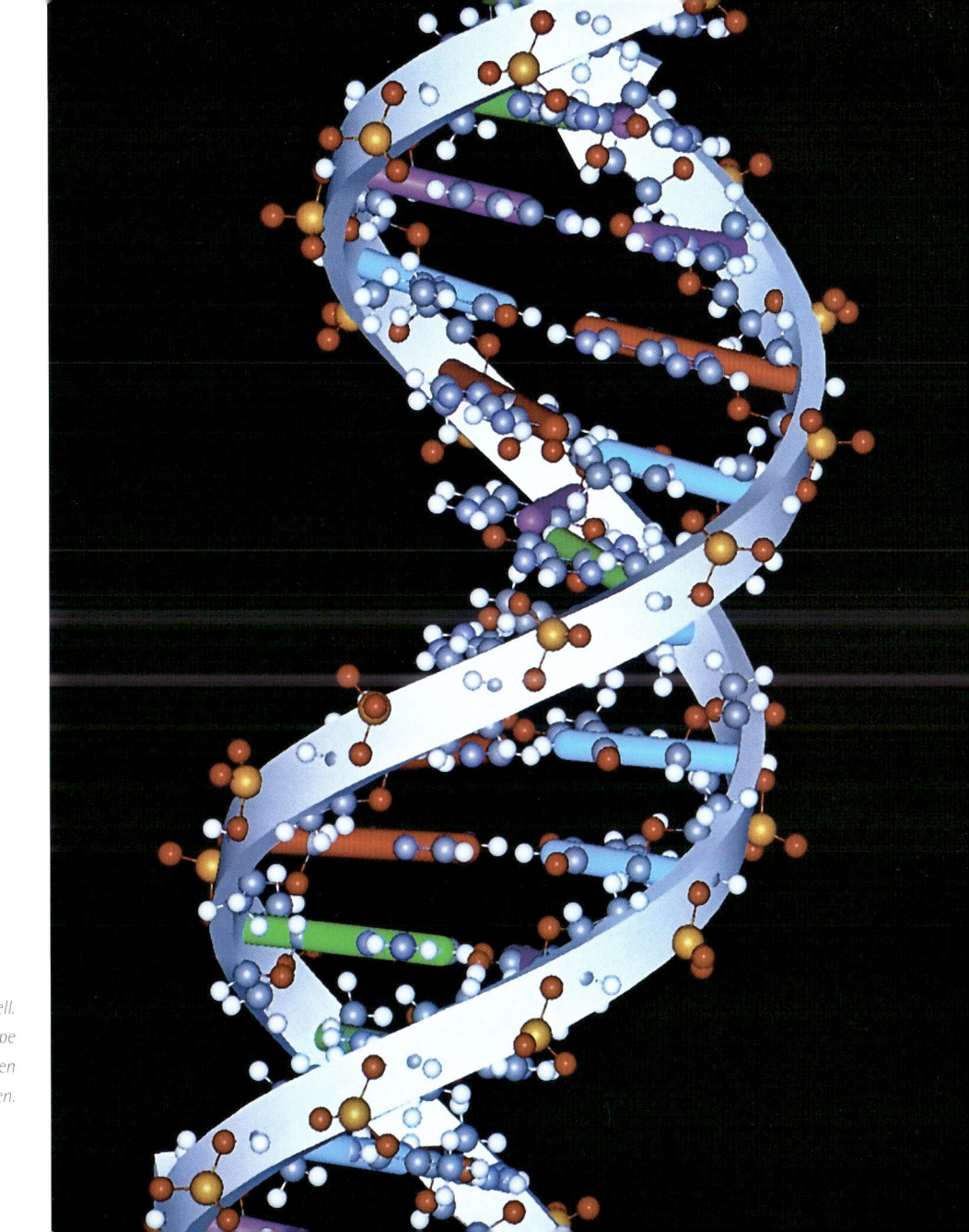

Die berühmte Doppelhelix im Modell.
Wie die Stufen einer Wendeltreppe
verbinden Nukleotide die beiden DNA-Spiralen
und halten sie zusammen.

Gefrorene Geschichte: Erbgut aus dem Eis
Die Evolution von Pinguin und Bär

Tausende von Jahren zurück in die Vergangenheit blicken und dabei längst ausgestorbene Tierarten entdecken – diesen Traum können sich Biologen in den kalten Regionen der Erde erfüllen. Die Böden in Sibirien, Alaska oder der Antarktis sind seit Jahrtausenden nicht aufgetaut. Wie in einem Tiefkühlarchiv sind darin zahlreiche Tiere der Vergangenheit konserviert.

DNA on the rocks
Molekularbiologen versuchen, aus uralten Tierresten das Erbgut zu isolieren. Wenn das gelingt, kann man mehr über den Stammbaum und die Entwicklungsgeschichte verschiedener Arten herausfinden. Neuseeländische und italienische Forscher haben beispielsweise unter den Brutkolonien von Adeliepinguinen in der Antarktis nach solchen genetischen Spuren der Vergangenheit gesucht. Im Boden unter den heutigen Nestern fanden die Wissenschaftler die tiefgekühlten Überreste von einigen Tausend Pinguingenerationen. Und in den eingefrorenen Knochen war das Erbmaterial DNA erstaunlich gut erhalten: Bis zu 7000 Jahre alte DNA konnten die Molekularbiologen untersuchen und mit den Erbinformationen von heute lebenden Artgenossen vergleichen.

Die Analyse von 96 im Eis konservierten Knochen und 380 Blutproben von lebenden Tieren hat gezeigt, dass es zwei Linien von Adeliepinguinen gibt, die sich in ihrem Verbreitungsgebiet und in ihrem Erbgut unterscheiden. Die Forscher nehmen an, dass sich diese beiden Linien während der letzten Eiszeit voneinander getrennt haben.

Überraschender aber ist ein anderes Ergebnis der Vergleiche zwischen altem und heutigem Erbgut: Offenbar verändert sich die DNA in bestimmten Zellbestandteilen, den sogenannten Mitochondrien, mindestens doppelt so schnell wie bisher angenommen. Dieses

Erbgut aus dem Kraftwerk
In jeder Zelle eines höheren Lebewesens arbeiten kleine Kraftwerke, die für die Energieversorgung zuständig sind. Diese sogenannten Mitochondrien besitzen ein eigenes Erbgut, das oft für genetische Vergleiche zwischen verschiedenen Arten genutzt wird. Denn zum einen ist es relativ klein und übersichtlich, zum anderen verändert es sich mit relativ gleichbleibender Geschwindigkeit. Daher kann man mit seiner Hilfe gut abschätzen, seit wann verwandte Arten schon getrennte Wege gehen.

Wissen ist für Evolutionsforscher interessant. Denn nun kann man mit molekularbiologischen Methoden besser herausfinden, wann bestimmte Ereignisse in der Entwicklungsgeschichte des Lebens stattgefunden haben.

Die Geschichte der Bären
Wie die Pinguinknochen erlauben auch die Überreste von Bären einen Blick in die Vergangenheit. Wissenschaftler haben das Erbgut von bis zu 60 000 Jahre alten Braunbären untersucht, deren Überreste erhalten geblieben sind. Die Tiere stammen aus Nordostsibirien und dem nordwestlichen Nordamerika. Offenbar haben sich die Bärenbestände dort während der letzten Eiszeit in viele genetisch verschiedene Untergruppen aufgespalten.

Anhand der DNA-Proben konnte die komplizierte Siedlungsgeschichte dieser Tiere rekonstruiert werden: Klimaänderungen und die Konkurrenz durch eine größere Bärenart haben die Gruppen offenbar immer wieder aus einigen Regionen verdrängt, während sie andere neu besiedeln konnten. Die so entstandenen Verbreitungsmuster unterscheiden sich deutlich von denen heutiger Braunbären. Auch im Geschichtsbuch der zottigen Allesfresser konnten nach einem Blick aufs Erbgut also etliche Seiten neu geschrieben werden.

Von den Adeliepinguinen konnte bis zu 7000 Jahre
altes Erbmaterial untersucht werden. Die
Forschungen daran erlauben Einblicke in die Entwicklungsgeschichte des Lebens.

Den Rüsseltieren ins Erbgut geschaut
Ein neuer Stammbaum für die Elefanten

Spuren der Evolution: ein Blick ins Erbgut

Der Dauerfrostboden Alaskas hat wieder einen seiner Schätze freigegeben. Ein Fluss hat einen Hang angeschnitten und den über Jahrtausende eingefrorenen Backenzahn eines Amerikanischen Mastodons freigelegt. Zwar haben Wissenschaftler schon beeindruckendere Reste dieser mehr als 3 m hohen und 4,5 m langen Rüsseltiere entdeckt, die bis vor etwa 10 000 Jahren durch Nordamerika trotteten. Doch dieser einzelne Zahn verrät mehr über die Geschichte der Elefantenverwandtschaft als viele frühere Funde.

Eine verräterische Zahnwurzel

Ein internationales Forscherteam hat das Alter des Zahnes auf mindestens 50 000 und höchstens 130 000 Jahre bestimmt. Doch die lange Zeit im Eis hat dem Erbmaterial offenbar wenig geschadet: Aus der Zahnwurzel haben die Forscher ungewöhnlich gut erhaltene DNA isoliert. Sorgfältig haben sie das Erbgut jener winzigen Zellkraftwerke untersucht, die Biologen „Mitochondrien" nennen. Nun kennen sie die gesamte Sequenz der 16 000 Bausteinpaare, die das Erbgut der Mastodon-Mitochondrien bilden.
Das Ergebnis der wissenschaftlichen Mühen ist nicht nur für Mastodon-Fans interessant, sondern wirft auch ein neues Licht auf den Stammbaum der Elefanten. Um herauszufinden, welche Rüsseltiere sich zu welchem Zeitpunkt der Evolution von ihren Verwandten getrennt haben, muss man ihre DNA vergleichen. Als Basis solcher Vergleiche haben Wissenschaftler bisher immer das Erbgut der nächsten noch lebenden Verwandten der Elefanten verwendet. Doch die nagetierähnlichen Schliefer und die an Robben erinnernden Seekühe unterschieden sich äußerlich stark von den stoßzahnbewehrten Rüsselträgern. Kein Wunder: Ihre Entwicklungslinien haben sich schon vor etwa 65 bis 70 Mio. Jahren von den Elefanten getrennt.

Rüsseltiere in Mitteleuropa

Elefanten sind in früheren Jahrtausenden auch durch Mitteleuropa getrottet. In der Zeit vor etwa 800 000 bis 100 000 Jahren gab es bei uns sogar mehrere Vertreter der Rüsseltiere. In den wärmeren Phasen bevölkerten damals die bis zu 4,2 m großen Europäischen Waldelefanten parkähnliche Landschaften und Laubwälder. In den Eiszeiten zogen sich diese Tiere ins wärmere Mittelmeergebiet zurück, ihren Platz in Mitteleuropa nahmen dann die mit einem warmen Fell ausgerüsteten Wollhaarmammuts ein.

Getrennte Wege

Nun aber steht ein näherer Verwandter als Ausgangspunkt für genetische Vergleiche zur Verfügung: Aus Fossilienfunden weiß man, dass sich das Mastodon erst vor 24 bis 28 Mio. Jahren von den übrigen Elefanten abgespalten hat. Also haben die Forscher nun neue Erbgutvergleiche angestellt. Demnach haben sich asiatische und afrikanische Elefanten nicht wie bisher angenommen vor etwa 5 Mio. Jahren getrennt, sondern schon vor etwa 7,6 Mio. Jahren. Vor 6,7 Mio. Jahren hat sich die asiatische Linie dann in den modernen Asiatischen Elefanten und das Mammut aufgespalten. In der afrikanischen Linie haben dann vor etwa 4 Mio. Jahren die Savannen- und die Waldelefanten unterschiedliche Wege eingeschlagen.
An dieser neuen Datierung ist den Forschern vor allem eins aufgefallen: Der Stammbaum der Elefanten hat sich jeweils zu ganz ähnlichen Zeitpunkten verzweigt wie der von Menschenaffen und Menschen. Zu diesen Zeiten waren die Umweltbedingungen offenbar günstig für die Bildung neuer Arten.

In der Entwicklungsgeschichte der Elefanten gibt es überraschende Ähnlichkeiten mit der des Menschen.

Das irische Rot – ein Exempel der Evolution
Studien um Haarfarbtöne bringen evolutionsgeschichtliche Erkenntnisse

Wie die Evolution Eigenschaften verändert, lässt sich an der Haarfarbe sehr schön beobachten. So hellt zum Beispiel eine einzige Veränderung in einer MC1r genannten Erbanlage die Haare vieler Iren zu ihrem typischen Rotton auf. Aber genügt auch bei den Haaren von Tieren eine solche Veränderung in der DNA, um eine andere Haarfarbe zu erzeugen? Dieser Frage ist Michael Hofreiter vom Max-Planck-Institut für evolutionäre Anthropologie in Leipzig auf den Grund gegangen, als er das Erbgut der längst ausgestorbenen Mammuts untersucht hat. Auch von diesen Tieren gab es Exemplare mit hellem und mit dunklem Fell – das zeigen die Überreste von Mammuts, die viele Jahrtausende im Dauer-frostboden Sibiriens eingefroren waren. Da das Erbgut toter Tiere rasch in kleine Stücke zerfällt, lässt sich diese DNA viel schlechter untersuchen als DNA lebender Organismen. In mühevoller Kleinarbeit setzten die Forscher daher aus den übrig gebliebenen, rund 100 Nukleotide langen DNA-Fragmenten, die Erbeigenschaft MC1r wieder zusammen.

Beständige Mutation

Die Mutation für irische Rotschöpfe findet sich im Mammut-MC1r-Erbgut allerdings nicht. Stattdessen ist bei zwei der vier untersuchten Mammuts ein ganz anderes Nukleotid in MC1r ausgetauscht. Solche Veränderungen im Erbgut nennen Molekularbiologen „Mutation". Beide Tiere mit dieser Mutation waren im Abstand von 14 000 Jahren geboren und hatten doch die gleiche Veränderung im Erbgut. Anscheinend war diese Mutation also recht beständig. In einer lebenden Zelle liefert das MC1r-Erbgut die Bauanleitung für ein Protein, dessen 67. Baustein eine Aminosäure mit dem Namen Arginin ist. In den beiden Mammuts mit der gleichen Veränderung ist diese Aminosäure durch eine andere ersetzt, die Biochemiker Cystein nennen. Genau diese Veränderung färbt den sonst dunklen Mammutpelz blond.

So beobachteten die Forscher also, wie die Evolution bei einer längst ausgestorbenen Art neue Eigenschaften erzeugte. Mithilfe solcher DNA-Analysen lässt sich zukünftig vielleicht auch klären, wie es den aus subtropischen Regionen stammenden Mammuts gelang, sich an die kalten Temperaturen der Eiszeit im hohen Norden anzupassen.

Blonde Strandmäuse sind „fitter"

Auch helle Haare können übrigens eine solche Anpassung sein – das belegen Untersuchungen, die bei Strandmäusen mit blondem Fell angestellt wurden. Diese Tiere leben nämlich anders als ihre Artgenossen nicht auf der dunklen Erde, auf der ein dunkles Fell eine gute Tarnung ist. Auf dem hellen Strand am Golf von Florida aber fallen Mäuse mit dunklem Fell Raubtieren sofort auf. Haben einzelne Mäuse nun blonde Haare, erwischen Raubvögel zunächst einmal vor allem die dunkelhaarigen Artgenossen. Mit der Zeit bleiben nur die hellen Mäuse übrig und bestätigen die von Darwin aufgedeckte Regel des „Survival of the Fittest". Die Grundlagen dieser Veränderung aber fanden die Forscher im Erbgut: Die blonden Mäuse haben genau die gleiche Veränderung wie die beiden Mammuts.

> ### Der Weg der Mammuts
> *Als sich die Wege der asiatischen Elefanten und der Mammuts vor 6,8 Mio. Jahren trennten, machten sich die Mammuts keineswegs sofort auf die Reise in den hohen Norden. Erst einmal genossen sie am Mittelmeer das milde Klima. Erst vor 1–2 Mio. Jahren zog es die Riesen mit bis zu 4 m Schulterhöhe – die Elefantenverwandtschaft in Afrika bringt es gerade einmal auf 3,2 m – nach Nordosten in Richtung Eis.*

Den typischen Rotton ihrer Haare verdanken viele Iren einer minimalen Veränderung in ihrer Erbanlage.

Mäusefänger aus dem Nahen Osten
Die Geschichte der Hauskatzen

Spuren der Evolution: ein Blick ins Erbgut

Auf Samtpfoten haben sie sich schon vor Jahrtausenden in die Nähe des Menschen geschlichen. Und mittlerweile gehören Katzen zu den beliebtesten Heimtieren überhaupt. Doch wie hat die gemeinsame Geschichte von Mensch und Stubentiger begonnen? Erbgutuntersuchungen geben Aufschluss.

Verworrene Familienbande

Lange Zeit hatte der Stammbaum der Katzenverwandtschaft in Forscherkreisen für einige Verwirrung gesorgt. Denn seine Verzweigungen sind schwer zu erkennen. Schließlich paaren sich verschiedene Wild- und Hauskatzen immer wieder miteinander, sodass die Nachkommen äußerlich oft kaum voneinander zu unterscheiden sind.

Der Blick ins Erbgut aber hilft, die verworrenen Verwandtschaftsbeziehungen zu klären. Ein internationales Team von Molekularbiologen hat DNA-Proben von 979 Wild- und Hauskatzen aus verschiedenen Teilen der Welt untersucht. Dabei haben sie bestimmte Stellen im Erbmaterial verglichen, die man als Indizien für den Grad der Verwandtschaft verwenden kann: Je unterschiedlicher diese Abschnitte sind, desto früher haben die jeweiligen Katzen in ihrer Evolutionsgeschichte getrennte Wege eingeschlagen. Als die For-

scher die genetischen Ähnlichkeiten und Unterschiede per Computer analysieren ließen, zeichneten sich sechs verschiedene Gruppen ab: Die Wildkatzen Europas, Zentralasiens, des Nahen Ostens und des südlichen Afrikas sowie die Chinesische Wüstenkatze sind demnach jeweils eigene Unterarten der Art *Felis silvestris*. Die Sandkatzen der Sahara, Arabiens und Zentralasiens dagegen bilden eine eigene Art namens *Felis margarita*.

Helfer der Bauern

Sämtliche analysierten Hauskatzen ordnete der Computer in die Gruppe der Wildkatzen aus dem Nahen Osten ein. Die große Vielfalt von gefleckten, gestreiften und einfarbigen, von lang- und kurzhaarigen Tieren hat sich also offenbar aus gemeinsamen Ahnen entwickelt, die in dieser Region lebten. Vermutlich wurden die ersten der anmutigen Raub-

tiere im sogenannten Fruchtbaren Halbmond gehalten, der sich von Ägypten bis nach Anatolien und ins Zweistromland erstreckte. Diese Region gilt als die Wiege der Landwirtschaft, in der Ackerbau und Viehzucht erfunden wurden. Gerade für Bauern aber sind Katzen äußerst wertvolle Haus- und Hofgenossen. Denn sie helfen, die gefräßigen Mäusescharen in Scheunen und Lagern in Schach zu halten. Wann die ersten Katzen gezähmt wurden, weiß niemand genau. Die ältesten archäologischen Hinweise auf Hauskatzen sind etwa 9500 Jahre alt. Verschiedene Schätzungen auf der Basis der neuen genetischen Untersuchungen ergaben allerdings, dass sich die Entwicklungslinien von Hauskatzen und den Wildkatzen des Nahen Ostens schon vor mehr als 100 000 Jahren getrennt haben könnten. Die Evolution der Stubentiger hat also wohl schon deutlich früher begonnen als vermutet.

Frühe Freunde

Viele archäologische Hinweise gibt es auf die Katzenhaltung in Ägypten. So haben ägyptische Künstler schon im 3. Jahrtausend v. Chr. gezähmte Katzen mit Halsband dargestellt. Die nützlichen Mäusevertilger wurden hoch geschätzt. Man verehrte die Katzengöttin Bastet, dargestellt als eine Frau mit Katzenkopf, und erklärte die Tötung von Katzen zu einer schweren Sünde. Verstorbene Hauskatzen wurden betrauert, einbalsamiert und entweder auf speziellen Friedhöfen oder im Grab ihres Besitzers bestattet.

Seit Jahrtausenden hält sich der Mensch Katzen als
Heimtiere. Sämtliche Hauskatzen haben sich
von einer bestimmten Unterart von Wildkatzen
abgespalten - und das möglicherweise schon viel
früher als bisher angenommen.

Von Przewalski-Pferden und Tarpanen
Die Evolutionsgeschichte der Pferde

Klein und stämmig, so sehen die Vorfahren der Pferde aus, die heute über eingezäunte Weiden laufen, ihre Reiter über weite Entfernungen tragen, Kutschen ziehen oder in Reitställen ihre Geschicklichkeit demonstrieren. Mit einer Ausnahme sind ihre wilden Verwandten ausgestorben, echte Wildpferde gibt es nur noch in der Mongolei, in der Puszta Ungarns und in der Sperrzone um den Reaktor der Atomkatastrophe von Tschernobyl in der Ukraine. Nachdem diese Przewalski-Pferde in ihrer Heimat im Westen Chinas ausgestorben waren, hat man die wenigen in Zoos übrig gebliebenen Tiere gezüchtet und seit den 1990er-Jahren dort wieder ausgewildert.

Die Przewalski-Pferde sind zwar echte Wildpferde, zu den Vorfahren der Hauspferde aber gehören sie nicht. So hat das Erbgut der Przewalski-Pferde 66 Chromosomen, Hauspferde besitzen dagegen nur 64. Aus weiteren Unterschieden im Erbgut schließen Molekularbiologen dann auch, dass Przewalski-Pferde und andere Wildpferde bereits vor 120 000 bis 240 000 Jahren getrennte Wege gegangen sind. Da der Mensch Pferde erst viel später als Haus- und Nutztiere hielt, sind die Przewalski-Pferde keine Ahnen der Hauspferde.

Urahn aus Nordamerika

Entstanden sind die ersten Arten der Gattung *Equus* in Nordamerika. Erst vor 1,5 Mio. Jahren kamen Pferde über die damals wohl trocken gefallene Beringstraße nach Sibirien und verbreiteten sich von dort über die Steppengebiete Zentralasiens bis nach Europa. Während Wildpferde bereits vor ungefähr 10 000 Jahren aus Amerika verschwanden – viele Wissenschaftler nehmen an, steinzeitliche Jäger hätten die Pferdearten dort ausgerottet –, überlebten in der Natur Europas und Asiens drei Unterarten bis in die jüngere Vergangenheit: Ganz im Osten streifte das Przewalski-Pferd *Equus ferus przewalski* durch die Steppen Zentralasiens, 1969 wurde dort das letzte Exemplar in der Natur gesehen. In den Steppen im Süden Russlands wurde 1879 der letzte in der Natur lebende Steppentarpan *Equus ferus gmelini* zu Tode gehetzt. Der Waldtarpan *Equus ferus silvaticus* dagegen lebte in den Wäldern Mittel- und Osteuropas und wurde dort bereits im 18. Jh. ausgerottet.

Pferdezüchtungen

Vor etwa 5000 Jahren begannen Menschen, diese Tarpane Europas zu zähmen. Das muss ihnen nicht weniger als 77-mal gelungen sein – so viele Pferdestammtypen finden sich nämlich mindestens unter den heutigen Pferden, verraten Analysen des Erbguts. Der Mensch hat seither viele Rassen vom Kaltblut über das Pony bis zum Lipizzaner gezüchtet. Seit 1933 versucht man, aus heutigen Pferderassen die Tarpane rückzuzüchten. Mit gutem Erfolg, heute gibt es bereits wieder ganze Herden, die Tarpanen verblüffend ähneln.

Diese in Lettland fotografierten Tarpane sind Rückzüchtungen einer ausgestorbenen Wildpferdform.

Chromosomen

Biologen teilen alle lebenden Organismen in drei Domänen ein, die sie als Archäen, Bakterien und als Eukaryonten bezeichnen. In den ersten beiden Domänen gibt es ausschließlich Organismen, die aus einer einzigen Zelle bestehen, während Eukaryonten Ein- und Mehrzeller umfassen. Von den anderen beiden Domänen unterscheiden sich die Eukaryonten vor allem durch einen Zellkern, in dem das meiste Erbmaterial steckt. Die DNA in diesem Zellkern bildet mehrere größere Strukturen, die Biologen als Chromosomen bezeichnen. Der Mensch beispielsweise besitzt 46 Chromosomen, das Hauspferd dagegen hat sogar 64 Chromosomen.

Übeltäter Mensch?

Das Ende der Höhlenbären und anderer Großsäuger in Europa

Eine Speerspitze aus Stein steckt im Wirbel des Höhlenbären, der in der Nähe der Ach in Baden-Württemberg gefunden wurde. Damit ist der Fall klar: Menschen haben diesen Bären auf dem Gewissen, denn vor 27 800 Jahren – ungefähr in dieser Zeit muss der Speer geflogen sein – hantierte außer den Steinzeitjägern niemand mit Speeren. Allerdings sind das wohl die einzigen Knochen eines Höhlenbären mit einer Speerspitze. Ob der Mensch also die Höhlenbären ausgerottet hat, darüber darf noch gerätselt werden.

Klimaschwankungen – kein Problem

In einer Landschaft, die der heutigen Tundra ähnelt, lebten in den Kälteperioden der vergangenen Eiszeiten die Höhlenbären auf der Schwäbischen Alb. Nur in Höhlen überstanden die Bären den Winter, und in den Höhlen am Donau-Nebenfluss Ach in Schwaben finden sich dann auch oft die Knochen vieler Bären-Generationen.

Zwischenzeitlich wurde es immer wieder so warm wie heute, manchmal auch noch wärmer. Den Höhlenbären machten die kräftigen Klimaschwankungen wenig aus, ihre Knochen finden sich in allen Epochen. Jünger als 20 000 Jahre aber ist kein einziger bis heute entdeckter Höhlenbärenknochen. Auch die Spu-

ren von Mammuts und Höhlenhyänen, Wollnashörnern und Höhlenlöwen, Steppenbisons und Riesenhirschen begannen vor 20 000 Jahren zu verschwinden. Vor 6000 Jahren stapften noch die letzten Riesenhirsche durch den Ural, vor 4000 Jahren starben die letzten Mammuts auf einer Insel vor Sibirien, die Zeit der großen Säugetiere in Europa und Sibirien war zu Ende.

Ein Bärenparadies

Klimaschwankungen können kaum dafür verantwortlich gewesen sein, die gab es ja schon früher immer wieder. Es muss etwas Neues passiert sein. Neu aber war der Mensch. *Homo sapiens* erreichte das Tal der Ach in Schwaben, wo sich die Überreste von Höhlenbären geradezu häufen, vor rund 35 000 Jahren. 29 Zähne von Höhlenbären wurden untersucht, aus zwanzig davon konnte Erbgut analysiert werden. Nach diesen DNA-Untersuchungen lebte 130 000 Jahre lang die gleiche Bärenpopulation im Tal der Ach, trotzte eisigen Zeiten und diversen Hitzeperioden, Dürren, Schneekatastrophen und Hochwasserwellen. Als aber der Mensch ins Tal kam, dauerte es nur noch ein paar Tausend Jahre, dann verschwand vor 28 000 Jahren die früher so stabile Population völlig. Dann wanderten aus

Nachbartälern wieder Höhlenbären mit einem völlig anderen Erbguttyp in die Region. Aber auch ihnen erging es nicht besser als ihren Vorgängern, jünger als 25 500 Jahre ist kein Höhlenbärenzahn der Gegend.

Übeltäter Mensch?

Bewiesen ist damit natürlich noch immer nicht, dass der Mensch seine Speere beim Aussterben der Höhlenbären im Spiel hatte. Aber die Indizien deuten deutlich auf unsere Vorfahren als Übeltäter. Dafür spricht auch ein weiteres Indiz: Auf Höhlen waren sowohl Höhlenbären wie auch Steinzeitmenschen angewiesen. Der Mensch aber verfügte in dieser Konkurrenz eindeutig über die besseren Waffen.

> ### Bären-Ahnen
>
> *Vor ungefähr 1,6 Mio. Jahren entstanden aus einem gemeinsamen Vorfahren die Höhlenbären und die noch heute durch die Wälder und Tundren Nordamerikas und Eurasiens wandernden Braunbären. Seither hielten immer wieder Eiszeiten die Welt im Griff und die Höhlenbären passten sich optimal an die harschen Bedingungen der Kälte an.*

Skelett eines Höhlenbären, das auf der Schwäbischen Alb gefunden wurde. 130 000 Jahre lang lebten die Bären dort – bis der Mensch sie vertrieb.

Lebewesen unter Druck
Wie Selektion die Evolution lenkt

Über viele Generationen und Tausende von Jahren haben Tiere und Pflanzen in ihrem Erbgut alle möglichen Veränderungen angereichert. Der Zufall hat dabei Regie geführt. Denn Mutationen entstehen nicht zielgerichtet, sondern an beliebigen Stellen der DNA. Allerdings können diese Veränderungen ganz unterschiedliche Konsequenzen haben. Manche Mutationen fallen überhaupt nicht auf, weil sie sich nicht auf Aussehen, Körperfunktionen oder Verhalten eines Lebewesens auswirken. Andere stören lebenswichtige Funktionen und sind tödlich.

Spielbälle der Evolution

Daneben aber gibt es Mutationen, die einfach verschiedene Varianten von lebensfähigen Organismen hervorbringen: Sie schaffen Artgenossen mit etwas längeren oder kürzeren Beinen, hellerem oder dunklerem Fell, vorsichtigerem oder kühnerem Verhalten. Genau

an dieser Stelle greift dann ein Prozess ein, den Biologen „Selektion" nennen. Manche der genetischen Veränderungen erweisen sich als Vorteil. Ihre Träger haben bessere Überlebenschancen oder mehr Nachkommen. Sie geben also ihre Erbinformationen häufiger an die nächste Generation weiter, sodass sich die günstigen Eigenschaften ausbreiten. Hinter dem Schlagwort „Survival of the Fittest" steckt also nichts anderes als die Kombination von Mutationen und Selektion.

Zu den Selektionsfaktoren, die über das Überleben und die Fortpflanzungschancen von Organismen entscheiden, gehören z.B. verschiedene Besonderheiten des jeweiligen Lebensraums. Es gibt Pflanzen wie die Christrose, die mit Kälte und harschen Bedingungen zurechtkommen und mitten im Schnee blühen. Andere vertragen überhaupt keinen Frost, trotzen dafür aber der größten Hitze. Es gibt Spezialisten für trockene Wüsten und

nasse Moore, für schattige Waldböden und sonnenverwöhnte Südhänge.

Feinde und Konkurrenten

Doch nicht nur die unbelebte Umwelt setzt Lebewesen gewaltig unter Druck. Auch andere Organismen können wichtige Selektionsfaktoren sein. So lauern auf viele Arten zahllose Feinde, die es auszutricksen gilt. Pflanzen müssen Abwehrwaffen gegen knabbernde Blattfans entwickeln, Huftiere ohne feine Sinne, große Wachsamkeit und flinke Beine fallen leicht Wölfen oder anderen vierbeinigen Jägern zum Opfer. Neben Gegenwehr und Flucht gibt es noch eine dritte Möglichkeit, den gefräßigen Mäulern zu entgehen: Mit Tarnfarben und „Verkleidungen" versuchen die potenziellen Opfer, möglichst viel Verwirrung unter ihren Gegnern zu stiften.

Neben den Räubern wartet ein Heer von Parasiten und Krankheitserregern auf seine Chance. Wer überleben will, muss auch gegen sie wirksame Verteidigungsstrategien entwickeln. Und schließlich ist da noch die eigene Verwandtschaft. Artgenossen treten als Konkurrenten um Nahrung, Partner und Reviere auf den Plan. Wer da nicht den Kürzeren ziehen will, braucht Körperkraft oder andere Vorzüge, um die Konkurrenz auszustechen.

Fliegen im Sturm

Auch der Wind ist mancherorts ein wichtiger Selektionsfaktor. So hat eine Fliege ohne Flügel im Normalfall wenig Überlebenschancen und kaum Nachwuchs. Auf den Kerguelen im Indischen

Ozean sind jedoch die geflügelten Insekten im Nachteil. Sie werden von den ständigen Stürmen aufs Meer hinaus gerissen und sterben dort. Also haben sich hier flügellose Varianten entwickelt.

In der Tierwelt ist der Wolf eine jener Arten, die als Jäger andere unter Druck setzten und zur Entwicklung raffinierter Abwehrmechanismen zwingen, die sich in die Kategorien Gegenwehr, Flucht und Tarnung einteilen lassen.

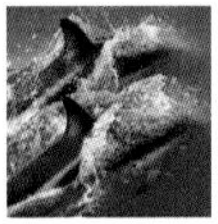

Im nassen Element: Anpassungen an das Wasserleben

Von Konvergenzen und der Dolloschen Regel

Wer einen großen Teil seines Lebens in Meeren, Seen oder Flüssen verbringt, muss seinen Körper an eine Reihe von Besonderheiten dieses Lebensraums anpassen. Eine Herausforderung ist z. B. die Fortbewegung. Schließlich ist Wasser wesentlich dichter als Luft und setzt daher dem Vorwärtskommen mehr Widerstand entgegen.

Torpedos in den Fluten

Damit ein schwimmendes Tier nicht zu viel Energie verbraucht, muss es daher eine Möglichkeit finden, diesen Bremseffekt gering zu halten. „Stromlinienform" heißt dabei ein weit verbreitetes Erfolgsrezept. Ob Delfin oder Pinguin, Seehund oder Hecht: Sie alle haben im Lauf der Evolution einen lang gestreckten, torpedoförmigen Körper entwickelt, der ohne großen Widerstand durchs Wasser gleitet.

Diese auffällige Ähnlichkeit ist nicht etwa ein Indiz dafür, dass sich alle diese Tierarten aus einem gemeinsamen „Torpedo-Vorfahren" entwickelt hätten. Vielmehr standen alle ihre Ahnen vor dem gleichen Problem, sich im Wasser effizient fortbewegen zu müssen. Und da es dafür physikalisch nicht unbegrenzt viele Möglichkeiten gibt, haben sie alle die gleiche Lösung gefunden. „Konvergenz" nennen Biologen eine solche Entwicklung von ähnlichen Merkmalen bei nicht näher miteinander verwandten Lebewesen.

Gerade das Wasserleben hat eine ganze Reihe solcher Konvergenzen hervorgebracht. So sehen die Flossen von Fischen und Meeresschildkröten, Delfinen und Pinguinen ähnlich aus, haben sich aber auf unterschiedlichen Wegen entwickelt. Pinguine haben z. B. nicht etwa die Vorderflossen der Schildkröten übernommen, sondern ihre Flügel zu Schwimmwerkzeugen umgebildet.

Verlorene Kiemen

Allerdings sind etliche Wasserbewohner nicht in jeder Hinsicht optimal an das nasse Element angepasst. Ihnen steht die „Dollosche Regel" im Weg, nach der sich komplexere Entwicklungen nicht noch einmal genau so wiederholen lassen. Wenn Tiere z. B. im Lauf ihrer Entwicklungsgeschichte ein kompliziertes Organ abgeschafft haben, bekommen sie es später nicht zurück – selbst wenn sie es in einer neuen Lebenssituation noch so gut gebrauchen könnten.

Nachdem die ersten Tiere das Wasser verlassen hatten, schienen ihre Kiemen überflüssig geworden zu sein. Also bildeten sie diese Atemorgane zurück und verließen sich ganz auf ihre Lungen. Später allerdings kehrten die Ahnen von Delfinen, Walen und anderen Meeressäugern ins nasse Element zurück. Doch ihre Kiemen waren für immer verloren. Sie sind nur noch bei den Embryonen angelegt und verschwinden vor der Geburt. Also mussten die Rückkehrer neue Strategien entwickeln, um mit ihren Lungen im Wasser zurechtzukommen. So müssen Wale und Delfine in regelmäßigen Abständen aus der Tiefe des Meeres auftauchen, um Luft zu schnappen. Dieses Bedürfnis aber kann ihnen leicht zum Verhängnis werden: Jedes Jahr ertrinken Tausende von Delfinen, weil sie sich in Fischernetzen verheddert haben und nicht mehr auftauchen konnten.

Die Erfindung der Schaufel

Konvergente Entwicklungen gibt es nicht nur bei Wassertieren. Auch an Land haben ganz verschiedene Arten unabhängig voneinander die gleiche „Erfindung" gemacht. So sind Maulwürfe und Maulwurfsgrillen keine engen Verwandten – gehören doch die einen zu den Säugetieren und die anderen zu den Insekten. Da beide ihr Leben aber grabend im Erdreich verbringen, haben sie ihre Vorderbeine zu praktischen Schaufeln umgebildet.

Dynamisch und elegant gleiten diese Delfine dahin.
Wie viele andere schwimmende Tiere, aber
unabhängig von diesen, haben sie einen
torpedoförmigen Körper entwickelt.

Spezialisten fürs Kalte
Energiesparwunder Pinguin

Die Pinguine der Antarktis haben sich keinen einfachen Lebensraum ausgesucht. Im Winter können die Temperaturen unter -40 °C sinken, häufig peitschen Schneestürme über das Land, die den Körper besonders schnell auskühlen. Und wenn der Magen knurrt, bleibt den Vögeln nichts anderes übrig, als sich in die Fluten des Südpolarmeeres zu stürzen – bei Wassertemperaturen um den Gefrierpunkt.

Wärmedämmung nach Pinguin-Art
Um diesen Bedingungen zu trotzen, haben Pinguine im Lauf ihrer Evolution verschiedene Tricks entwickelt. Ein Teil ihres Erfolgsgeheimnisses besteht darin, dass sie ihren Körper gut isoliert haben. Das Gefieder der Kältespezialisten ist sehr dicht, bis zu zwölf Federn bedecken einen einzigen Quadratzentimeter Oberfläche. Die Spitzen der Federn liegen dabei wie Dachziegel übereinander und bilden eine äußere Schutzhülle. Darunter halten weiche Daunen eine Luftschicht fest, die den Körper zusätzlich isoliert. Dieser gesamte Wärmeschutzmantel ist wasserdicht. Denn die Tiere reiben ihr Gefieder immer wieder mit Öl ein, das sie in speziellen Drüsen produzieren. Neben den Federn besitzen die Vögel noch einen weiteren Kälteschutz in Form einer isolierenden Fettschicht unter der Haut.

Wie gut die Wärmedämmung eines Pinguins funktioniert, zeigt sich, wenn er bei Schneefall ruhig auf seinem Nest sitzt. Er gibt dann so wenig Wärme nach außen ab, dass seine Oberfläche oft nicht wärmer ist als die Luft ringsum. Manchmal bleibt dann eine Schneeschicht auf seinem Rücken liegen. Im Inneren des Körpers dagegen halten Pinguine ihre Körpertemperatur auf durchschnittlich 39 °C. Dabei vertragen sie deutlich größere Schwankungen als z. B. der Mensch: Drei Grad mehr oder weniger machen ihnen nichts aus.

Gemeinsam gegen die Kälte
Doch wer in der Kälte lebt, muss auch sein Verhalten an die Bedingungen anpassen. So legen viele Pinguine ihre Brutkolonien auf schnee- und eisfreien Flächen an, die sich bei Sonnenschein erwärmen. Zusätzlich bauen Arten wie die Adelie- oder die Eselspinguine leicht erhöhte Nester aus Steinen, damit Eier und brütende Vögel nicht direkt den kalten Untergrund berühren. Diese Steinhaufen schützen das Gelege auch vor kaltem Schmelzwasser.

Ausgerechnet die größten Überlebenskünstler unter den Frackträgern aber bauen keine solchen Nester. Bei den Kaiserpinguinen kehren die Weibchen nach der Eiablage zurück zum Meer, um zu fressen. Den Männchen aber steht eine der härtesten Bewährungsproben bevor, die es auf dem Globus überhaupt gibt: 60 Tage lang werden sie mit den Eiern auf den Füßen den extremen Bedingungen des antarktischen Winters trotzen.

Dabei verlassen sie sich nicht nur auf ihre Fettschicht und ihr Federkleid. Ein raffiniertes Wärmetauschverfahren zwischen Arterien und Venen schickt kühleres Blut in die Füße und Flügel und wärmeres ins Körperinnere. So lässt sich der Wärmeverlust an den Extremitäten eindämmen. Zudem drängen sich die Pinguin-Väter eng aneinander. Die Temperatur an der Körperoberfläche steigt allein durch dieses „Kuscheln" um 0,6 °C an.

Wärme für alle

Gerechtigkeit muss sein: Wenn sich die Kaiserpinguine im antarktischen Winter wärmesuchend zusammendrängen, sind die Tiere mitten in der Menge klar im Vorteil. Schließlich genießen sie Wärme von allen Seiten. Doch damit jeder in diesen Genuss kommt, haben die Tiere das Rotationsprinzip erfunden: Jeder steht mal im windgepeitschten Äußeren und mal im warmen Inneren des Pinguinknäuels.

Erfolgsrezept Anpassung

Pinguine sind so gut isoliert, dass sogar eine
Schneeschicht auf ihrem Rücken liegen bleiben kann
und nicht von abstrahlender Körperwärme
geschmolzen wird. Im Körperinneren beträgt ihre
Temperatur etwa 39 °C.

Kälte und Tiefe: Wie Wale sich ans Meer anpassen

Mit Größe und Speck halten Wale die Temperatur

Als einige Säugetiergruppen das Meer wiederentdeckten, mussten sie nicht nur erneut schwimmen lernen, sondern sich auch an verschiedene andere Eigenschaften ihres neuen Lebensraums gewöhnen. So leitet Wasser Wärme viel besser als Luft. Da Säugetiere ihre Körpertemperatur relativ gleichmäßig auf einer Temperatur halten, die deutlich höher liegt, als sie in den allermeisten Gewässern vorzufinden ist, verlieren Säugetiere im Wasser relativ viel Wärme und Energie. Daher geht der Mensch an heißen Tagen, an denen er in der Luft nur schwer Wärme abgeben kann, gern ins Wasser. Dort wird er – selbst wenn das Nass lauwarme 28 °C hat – die überschüssige Wärme relativ leicht los, denn seine normale Körpertemperatur liegt bei 37 °C.

Größe wärmt

In den kühlen Gewässern, wo viele Wale und Robben leben, ist dieser Wärmeverlust gefährlich, weil eine Unterkühlung droht. Je kleiner ein Tier ist, umso mehr Wärme gibt es über die Haut an die Umgebung ab. Um den Wärmeverlust zu verringern, sind die meisten Wale der eisigen Gewässer der Polarmeere oder der Tiefsee daher sehr groß. Der bisweilen mehr als 30 m lange und bis zu 200 t schwere Blauwal ist denn auch das schwerste Tier, das bisher auf dem Blauen Planeten gelebt hat. Kleinere Wale wie beispielsweise Delfine schwimmen dagegen eher in den warmen Meeren oder tummeln sich sogar in tropischen Flüssen wie dem Amazonas und dem Ganges.

Dickes Polster

Eine Ausnahme ist der Schweinswal, der auch in der Nord- und Ostsee lebt. Wenn im Winter

> ### Pottwale als Tauchkünstler
>
> *Pottwale tauchen in Tiefen bis 3000 m, um dort Riesenkalmare zu jagen. Da sie zum Atmen nach spätestens 80 Minuten wieder an die Oberfläche kommen müssen, hat sich im Lauf der Evolution ein Trick zum schnellen Abtauchen entwickelt: Meerwasser kühlt vor dem Tauchgang im riesigen Schädel des Pottwals rund 2 t Walrat ein wenig ab.*
>
> *Schlagartig erstarrt diese ölartige Flüssigkeit zu einem Wachs. Das aber nimmt weniger Raum als das Öl ein, der Kopf schrumpft etwas und der Walkörper ist plötzlich schwerer als das Meerwasser. Wie ein Bleigewicht zieht es nun erst den Pottwalkopf und dann den Körper in die Tiefe. Zum Auftauchen verwandelt sich das Wachs wieder in das leichtere Öl.*

die Temperatur fast den Gefrierpunkt erreicht, ist dieser keine 2 m lange Wal mit seinen 40 bis 50 kg eigentlich zu klein, um die hohe Körpertemperatur eines Säugetiers zu halten. So entwickelten die Tiere einen Isolierungstrick: Am Anfang der kalten Jahreszeit steigern sie ihren Fischkonsum auf 5–6 kg am Tag und legen so in nur sechs Wochen rund 12 kg zu. Die zusätzlichen Pfunde, die immerhin ein Viertel des Körpergewichts ausmachen, investieren sie in ihre Speckschicht. Diese wächst von sommerlichen 1,7 cm auf winterliche 4 cm an.

Allein mit dieser dicken Isolierung reduzieren Schweinswale die Wärmeverluste so stark, dass sie den Winter im kalten Nordseewasser überstehen. Die trotz des Speckes verlorene Wärme kompensieren die Tiere durch ihren kräftigen Fischkonsum, der jede Menge Energie nachliefert. Im Sommer werden sie ihre Speckschicht genauso schnell wieder los und fressen nur noch 3–4 kg Fisch am Tag.

In den permanent kalten Gewässern in der Nähe der Pole behalten Wale und Robben dagegen ständig eine Fettschicht, die sie vor dem Auskühlen bewahrt. Sie kann bis zu 0,5 m dick sein. Diese Isolierung ersetzt das Fell, mit dem sich Säugetiere an Land normalerweise gegen Kälte schützen.

Schweinswale legen sich im Winter eine dickere
Speckschicht zur Wärmeisolierung zu, damit sie die
kalte Jahreszeit überstehen.

Die Wüste lebt: Anpassungen an Hitze und Trockenheit
Überlebensstrategien in einer lebensfeindlichen Umgebung

Erbarmungslos brennt tagsüber die Sonne vom Himmel, die Luft flirrt vor Hitze. Dafür wird es nach Sonnenuntergang empfindlich kalt. In kaum einem anderen Lebensraum schwanken die Temperaturen zwischen Tag und Nacht so stark wie in der Wüste. Und dann gilt es auch noch, mit extremer Trockenheit, kargen Böden, Sand- und Staubstürmen fertig zu werden. Spezialisten unter den Tieren und Pflanzen haben jedoch Überlebensstrategien entwickelt.

Genügsame Kamele

Kamele z. B. sind perfekt ans Wüstenleben angepasst. In ihren Höckern speichern Dromedare und Trampeltiere bis zu 40 l Fett, aus dem sie später u. a. Energie und Wasser gewinnen können. So kommen sie monatelang ohne Futter aus. Selbst unter großen Strapazen halten sie es mindestens eine Woche lang ohne Durstlöscher aus, unter weniger anstrengenden Bedingungen sogar mehrere Monate. Das klappt allerdings nur, weil der Kamelkörper äußerst sparsam mit Flüssigkeit umgeht.

Das dicke Fell sorgt dafür, dass nur wenig Wasser über die Haut verdampft. Auch mit dem Schweiß verlieren die Tiere kaum Feuchtigkeit. Denn sie müssen ihre Körpertem-peratur nicht so konstant halten wie viele andere Warmblüter. Sie können ihren Körper von 34 °C am Morgen auf mehr als 40 °C am Nachmittag aufheizen. Erst ab Körpertemperaturen über 40 bzw. 41 °C beginnen sie zu schwitzen. Selbst die Nasenschleimhäute von Kamelen sind aufs Wassersparen ausgelegt: Die Tiere können beim Ausatmen Wasserdampf aus der Atemluft zurückgewinnen.

Die leistungsfähigen Nieren der „Wüstenschiffe" produzieren zudem einen stark konzentrierten Urin, der keinen Tropfen überflüssiges Wasser enthält. Ihr Kot ist so trocken, dass man ihn sofort nach dem Ausscheiden verbrennen kann. Irgendwann aber müssen auch Kamele ihre Wasservorräte wieder auffüllen. Nach langen Durststrecken können sie dann in wenigen Minuten bis zu 60 l trinken.

Das Grün der Wüste

Die Pflanzen der Wüste haben andere Strategien entwickelt, um mit der Trockenheit fertig zu werden. Die Samen vieler Arten schlummern oft jahrelang im Untergrund, bis einer der seltenen Regenschauer fällt. Dann keimen sie blitzschnell aus, blühen und fruchten. Innerhalb weniger Stunden oder Tage bilden sie Samen, die dann wieder auf den nächsten Niederschlag warten.

Kakteen und andere Sukkulenten dagegen halten auch während der Trockenzeiten oberirdisch durch. Um nicht zu viel Wasser über die Blattoberflächen zu verlieren, haben sie ihre Blätter ganz aufgegeben oder zu Stacheln umgebildet. Zudem speichern sie in ihren fleischigen Stämmen viel Wasser. Diese Pflanzen haben oft flache Wurzeln, mit denen sie nahe an der Oberfläche die Feuchtigkeit der seltenen Regenfälle auffangen.

Dagegen schicken andere Wüstengewächse wie der Kameldorn ihre Wurzeln bis zu 60 m tief in den Boden, um dort die Grundwasservorräte anzuzapfen. Zudem holt sich der Kameldorn den für Pflanzen lebensnotwendigen Stickstoff direkt aus der Luft und ist daher nicht auf Humus angewiesen.

> ### Siesta im Sand
>
> *Viele Wüstentiere versuchen, zumindest die heißesten Stunden des Tages in einem einigermaßen schattigen und kühlen Versteck zu verbringen. Ihre Aktivitäten verlegen sie in die Nacht. Die giftige Wüsten-Hornviper beispielsweise vergräbt sich in der Mittagshitze im Sand oder sucht Schutz unter Steinen oder in Mauselöchern.*

Für viele Menschen sind Kamele in der Wüste – im Bild ein Dromedar beim Anpflocken – noch heute als äußerst genügsame Last- und Reittiere unverzichtbar.

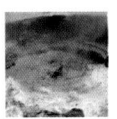

Rasende Feuerkugeln: Leben im Dampfkochtopf

Feuerzwerge, Feuerlappen & Co.

In den tektonischen Bruchzonen der Erde, dort wo es richtig heiß ist, stößt das bekannte Leben an seine Grenzen. Doch selbst dort gibt es Mikroben, die Hitze, Druck und aggressiven Schwefeldämpfen trotzen. In Vulkangebieten, Öllagerstätten und an heißen Tiefseequellen leben die Extremisten unter den Lebewesen. Im Fachjargon heißen diese extrem hitzeliebenden Organismen „Hyperthermophile". Der Mikrobiologe Karl Stetter (*1941), einer der Forschungspioniere in der Welt der kochfesten Winzlinge, spricht allerdings lieber von „Feuerzwergen".

Leben am Limit

Im Umkreis von Unterwasservulkanen hat der Forscher bis zu 1000 solcher Hitzefans in einem Kubikzentimeter Wasser gefunden. Als noch ergiebiger erwiesen sich die Öllagerstätten der Nordsee. Dort wimmelten bis zu 10 000 lebende Mikroben in einem Kubikzentimeter Wasser – und das 3 bis 4 km unter dem Meeresboden bei Temperaturen zwischen 80 und 100 °C. So viel Widerstandsfähigkeit lässt selbst Experten staunen.

Insgesamt sind mehr als 80 Arten von Feuerzwergen aus 20 verschiedenen Gattungen bekannt. *Pyrococcus furiosus*, die „rasende Feuerkugel", z. B. wird erst bei Temperaturen von 100 °C so richtig aktiv. Ist es ihm zu kalt, lässt der Feuerzwerg bewegungslos die Geißeln hängen. *Pyrolobus fumarii*, der „Feuerlappen aus der Tiefsee", wächst erst bei Temperaturen von mehr als 90 °C und überlebt stundenlanges Erhitzen auf mehr als 120 °C bei hohem Druck. Diese Dampfkochtopfbedingungen töten normalerweise jedes Leben ab. Denn die Proteine, die den Körper aufbauen und den Stoffwechsel in Gang halten, sind solchen Temperaturen normalerweise einfach nicht gewachsen. Wird es ihnen zu warm, verlieren sie ihre Struktur und können dann auch nicht mehr repariert werden. Deshalb leben die meisten Organismen bei gemäßigten Temperaturen von weniger als 50 °C.

Reisende im All

Meteoriten könnten die kochfesten Mikroben vielleicht sogar von einem Planeten zum anderen getragen haben, vermuten manche Wissenschaftler. Schließlich vertragen Feuerzwerge sogar langes Einfrieren bei minus 140 °C und können sich später unter günstigeren Bedingungen problemlos wieder vermehren. Und das könnte sie daher zu idealen Weltraumtouristen machen.

Was also ist das Geheimnis der Kochfestigkeit von Feuerzwergen? Ihre Proteine haben zwar eine ähnliche Struktur wie die Eiweiße anderer Mikroorganismen. Doch ein Netz aus elektrischen Wechselwirkungen zwischen verschiedenen Molekülbereichen stabilisiert die Proteine der Lebenskünstler auch bei hohen Temperaturen. Neben Hitze und Druck überleben viele dieser Extremisten auch hohe Konzentrationen von Säure und Salz.

Zeugen der Urzeit

Unter Biologen gelten Feuerzwerge als lebende Fossilien, mit deren Hilfe man einen Blick zurück in die Anfangszeiten des Lebens vor etwa 4 Mrd. Jahren werfen kann. Manche Forscher wie Stetter vermuten, dass der letzte gemeinsame Vorfahr aller Lebewesen ein Feuerzwerg gewesen sein könnte. Mit den extremen Bedingungen auf der heißen sauerstofffreien Urerde wären solche Organismen jedenfalls gut zurechtgekommen. Denn die kochfesten Winzlinge haben einen sehr flexiblen Stoffwechsel und können Energie aus Wasserstoff, Kohlendioxid, Schwefel-, Eisen- und Stickstoffverbindungen gewinnen. Daher gehören sie auch zu jenen Organismen, die als Kandidaten für mögliche Lebensformen auf anderen Planeten wie dem Mars gelten.

Erfolgsrezept Anpassung

Ein Schlammvulkan in Neuseeland. Kaum vorstellbar, dass in dieser kochenden Brühe Organismen, sogenannte Feuerzwerge, leben.

Das Faible für Zucker und Fett

Der Mensch wappnet sich für den Mangel

Wenn die Waage mal wieder Hiobsbotschaften verkündet, ist der Entschluss schnell gefasst. Nun soll es aber ganz bestimmt klappen mit der gesünderen Ernährung. Künftig kommen weniger Süßigkeiten und weniger Fett auf den Tisch. Das Tortenstück zum Kaffee ist gestrichen.

Solche Vorsätze einzuhalten ist allerdings nicht einfach. Denn was das Essen angeht, schlägt sich der Mensch noch mit einem Erbe aus den frühen Tagen seiner Geschichte herum. Vor Jahrtausenden hat er sich an eine unsichere Nahrungsversorgung angepasst – und die dabei entwickelten Vorlieben verfolgen ihn bis heute.

Schokolade macht glücklich

Der Geschmackssinn entscheidet als letzte Kontrollinstanz darüber, ob man einen Bissen hinunterschluckt oder wieder ausspuckt. Jede Geschmacksrichtung reizt auf ihre ganz eigene Weise spezielle Sinneszellen in den Geschmacksknospen der Zunge. Dabei entstehen elektrische Impulse, die von Nerven über mehrere Zwischenstationen zur Großhirnrinde geleitet werden. Dort analysieren Nervenzellen die Geschmacksreize. Botenstoffe rufen dann Erregungsmuster hervor, die bestimmen, ob man den Geschmack als angenehm oder als ekelerregend empfindet. Nach dem Genuss von Schokolade z. B. steigt im Gehirn die Konzentration von Endorphinen – jenen Botenstoffen also, die Glücksgefühle auslösen.

Doch auch für andere Süßigkeiten scheinen Menschen ein angeborenes Faible zu haben. Evolutionsbiologisch ist das gut zu erklären. Schließlich signalisiert der süße Geschmack, dass die Nahrung Kohlenhydrate enthält. Und aus diesen Verbindungen deckt der Mensch einen großen Teil seines Energiebedarfs. Ohne diese Substanzen ist der Körper nicht funktionsfähig – geschweige denn in der Lage, anstrengende Arbeiten zu verrichten oder vor einem Säbelzahntiger zu flüchten. Seine Begeisterung für süße Kost hat dem Menschen in seiner Entwicklungsgeschichte also das Überleben gesichert.

Steinzeitjäger im Büro

Aus dem gleichen Grund dürften die Vorfahren des heutigen Menschen auch eine Vorliebe für fette Speisen entwickelt haben. Schließlich gibt es kaum eine bessere Möglichkeit, sich einen Energievorrat für schlechte Zeiten und Hungersnöte anzulegen. Und die waren in der Frühgeschichte des Menschen an der Tagesordnung.

Heute besteht die Menschheit zwar bei Weitem nicht nur aus Schokoladen- und Eisbein-Fans. Was jemand gern isst, hängt sehr stark von kulturellen Einflüssen und Lernprozessen, wahrscheinlich auch von individuellen genetischen Unterschieden ab. Doch das generelle Faible für Fett und Süßigkeiten scheint bis heute im Erbgut vieler Menschen gespeichert zu sein. Das aber kann in gut versorgten Industriestaaten zum Problem werden. Denn der heutige Büroangestellte hat einfach nicht mehr den Energiebedarf eines Mammutjägers!

Reine Geschmackssache

Menschen können insgesamt fünf verschiedene Geschmacksrichtungen unterscheiden. Neben süß, sauer, salzig und bitter definieren Wissenschaftler noch einen fünften, eher herzhaften Sinneseindruck namens „Umami" (japanisch für „Wohlgeschmack"), der oft als „Fleischgeschmack" umschrieben wird. Dabei handelt es sich um den Geschmack von Glutamat, das als Geschmacksverstärker für deftige Gerichte bekannt ist. Diesen Geschmack haben proteinhaltige Lebensmittel wie Fleisch, Milch und Käse, er ist aber auch typisch für Getreide und reife Tomaten.

Der herzhafte Biss in die Schokoladentafel ist und bleibt eine kleine Sünde. Als Entschuldigung können große und kleine Sünder anführen, dass das Faible für Süßes in ihrem Erbgut angelegt ist.

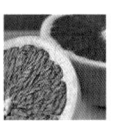

Achtung, sofort ausspucken!

Bittergeschmack warnt vor Gift im Essen

Eine saftige Grapefruit, eine große Portion Grünkohl, ein Stück Bitterschokolade? Bei manchen Menschen zieht sich allein bei dem Gedanken daran schon alles im Mund zusammen. Ganz zu schweigen von der sprichwörtlichen „bitteren Medizin". Zumindest gegen einen extremen Bittergeschmack haben die meisten Menschen eine angeborene Aversion.

Ein Sinn für die Gefahr

Auch diese Abneigung ist ein Erbe aus der Menschheitsgeschichte. Schließlich bietet die Natur zwar viele potenzielle Lebensmittel, aber eben auch viele unbekömmliche Substanzen. Also mussten die Vorfahren des heutigen Menschen möglichst effektiv zwischen „essbar" und „gefährlich" unterscheiden können. Der Bittergeschmack ist ursprünglich ein Alarmsignal, das vor giftigen Pflanzen und anderer ungenießbarer Kost warnte: „Im Zweifelsfall lieber ausspucken!"
Es gibt in der Natur mehrere Tausend Bitterstoffe, die zu verschiedenen chemischen Klassen gehören. Allerdings kann niemand zwischen all diesen Substanzen unterscheiden, sie schmecken alle einfach bitter. Biologisch ist das ist auch sinnvoll. Ziel ist schließlich, das Warnsignal möglichst schnell zu erkennen.

Bitterstoffe aktivieren spezielle Proteine, die auf der Außenseite der Geschmackssinneszellen liegen.
Etwa 25 verschiedene solcher Bitterrezeptoren haben Wissenschaftler bisher identifiziert. Ein Protein reagiert beispielsweise sowohl auf das schmerzstillende Salicin der Weidenrinde als auch auf das Amygdalin der Bittermandel. Ein anderer Rezeptor wird durch das aus Kriminalgeschichten bekannte Gift Strychnin aktiviert.

Schmecker oder Nichtschmecker?

Allerdings empfinden nicht alle Menschen den Bittergeschmack als gleich unangenehm. Genetisch bedingt können etwa 30 Prozent

> ### Zungentest fürs Essen
>
> *Auch die anderen Geschmacksrichtungen liefern Menschen und Tieren wertvolle Informationen über die Zusammensetzung ihrer Nahrung. Salziges zu erkennen ist wichtig für den Mineralstoffhaushalt des Organismus. Der saure Geschmack dagegen spielt für die Regulation des Säurehaushalts eine Rolle, kann aber auch vor unreifen Früchten und verdorbener Nahrung warnen.*

der Deutschen den Bitterstoff 6-n-Propylthiouracil (PROP) nicht schmecken. Schmecker und Nichtschmecker besitzen jeweils eine andere Variante eines bestimmten Bitterrezeptors. Wissenschaftler vermuten, dass die Version der Nichtschmecker nicht richtig funktioniert. Was man aber nicht wahrnimmt, kann man auch nicht ablehnen. Deshalb haben Nichtschmecker weniger Aversionen gegen bittere Lebensmittel wie Grünkohl und Grapefruit.
Möglicherweise unterscheiden sich solch genetisch bedingte Vorlieben und Abneigungen in verschiedenen Regionen der Welt. Manche Ernährungswissenschaftler vermuten, dass die unterschiedlichen Lebensverhältnisse im Lauf der Evolution sicher ihre Spuren im Geschmackssinn der Völker hinterlassen haben.
Wenn Menschen, beispielsweise in Afrika, häufiger Zeiten des Mangels überstehen mussten, verzehrten sie wahrscheinlich notgedrungen auch bitter schmeckende Pflanzen. Dann störte ein empfindlicher Sinn für Bittergeschmack nur. Die Europäer dagegen haben über längere Zeit unter vergleichsweise günstigen Bedingungen gelebt. Vielleicht konnten sie es sich deshalb eher leisten, ihre empfindlichen Bittersensoren beizubehalten.

So appetitlich sie aussieht – zum Verzehr ohne
Zuckerzusatz ist die Grapefruit kaum geeignet – es
sei denn, man zählt zu den 30 Prozent „Nicht-
schmeckern" unter den Deutschen.

Spinnen, Würmer, Maden & Co.

Die Evolution des Ekels

Gerümpfte Nase, nach unten gezogene Mundwinkel - die meisten Menschen wissen sofort, was eine Person mit diesem Gesichtsausdruck empfindet. Die Mimik des Ekels ähnelt sich in den verschiedenen Kulturkreisen stark. Manche Wissenschaftler vermuten daher, dass dieses Gefühl schon früh in der Menschheitsgeschichte entstanden ist. Seither hat es sich offenbar bewährt, auf bestimmte Reize mit instinktiver Abwehr zu reagieren.

Internationale Abneigungen

Es gibt zwar durchaus kulturelle Unterschiede, was die Beurteilung von Abscheulichkeiten angeht – die internationalen Küchentraditionen liefern dafür manches Beispiel. Andererseits haben Wissenschaftler bei kulturellen Vergleichen des Ekels zahlreiche Gemeinsamkeiten gefunden. So empfinden viele den Anblick und Geruch von Fäkalien und Erbrochenem ebenso wie den verdorbener Lebensmittel als ekelerregend. Tiere wie Ratten, Läuse oder wimmelnde Maden verursachen bei vielen Menschen Unwohlsein, ebenso wie der Anblick von Leichen oder abgetrennten Körperteilen. Auch von Personen mit auffälligen Entzündungen oder Ausschlägen halten sich die meisten lieber fern.

Ein Schutzschild gegen Krankheiten

Diese internationalen Ekelauslöser haben eines gemeinsam: Wer sie berührt, kann sich gefährliche Krankheiten einhandeln. Manche Wissenschaftler vermuten daher, dass der Ekel ein uralter Schutzschild gegen die Ansteckungsgefahren der Welt sein könnte. Haben die zahllosen krank machenden Parasiten, Bakterien, Viren und Pilze doch schon immer einen starken Selektionsdruck ausgeübt. Wenn also unter den frühen Menschen einige eine stärkere Abneigung gegen Kot und andere potenzielle Infektionsquellen hatten, blieben diese womöglich gesünder als ihre Artgenossen. Sie lebten länger und zeugten mehr Nachwuchs – schon war der evolutionäre Grundstein des Würgereizes gelegt.

Die so im Erbgut verankerte Abneigung erstreckt sich allerdings nicht nur auf Gefährliches. Ein Regenwurm ist z. B. völlig harmlos, trotzdem ekeln sich viele Menschen davor. Das könnte daran liegen, dass er von der Form und Bewegungsweise her an manche Darmparasiten erinnert. Auch bestimmte Farben lösen eher unangenehme Gefühle aus als andere. So zeigten Testpersonen in psychologischen Versuchen deutlich mehr Scheu, ein braun oder rot verschmiertes Handtuch zu berühren als ein blau beflecktes. Bei Rot und Braun liegt die Assoziation von Blut oder Kot nah, während die Farbe Blau nicht negativ belastet ist. Offenbar unterscheiden Menschen die Kategorien „harmlos" und „krank machend" also eher nach groben Kriterien. „Lieber einmal zu viel als einmal zu wenig zurückschrecken", scheint die Devise zu lauten.

Pfui Spinne!

Spinnen sind geradezu Ekelklassiker. Es gibt verschiedene Theorien darüber, warum sich so viele Menschen vor ihnen ekeln. Eine davon besagt, dass auch diese Abneigung ein Erbe aus der Menschheitsgeschichte sei. Schließlich gibt es etliche giftige Spinnen und auch die verwandten Skorpione können unangenehme oder sogar tödliche Stiche verteilen. Allerdings gehen andere Wissenschaftler davon aus, dass Kinder ihre Spinnenangst einfach von den Menschen in ihrer Umgebung lernen.

Ihren schlechten Ruf hat die Spinne nicht ganz zu unrecht – in manchen Regionen gibt es Arten, deren Biss gefährlich ist.

Das Geheimnis der Zebrastreifen

Warum sind Zebras gestreift, ihre ausgestorbenen Verwandten, die Quaggas, aber nicht?

Erfolgsrezept Anpassung

Wie eine Mischung aus Pferd und Zebra sahen die Quaggas aus: Vorn verbreiteten Streifen den typischen Zebra-Look, das Hinterteil war dagegen in dezenten Brauntönen ohne Muster gehalten. Und da Trophäenjäger und Viehzüchter diese seltsamen Tiere schon vor hundert Jahren in Afrika ausrotteten, rätselten Forscher lange, ob diese Verwandten der Pferde eine Mischung aus Pferd und Zebra, eine eigene Art oder nur eine Unterart der Zebras waren.

Großwildjäger

Diese Frage lässt sich am besten beantworten, wenn man das Erbmaterial der Tiere untersucht. Das funktioniert bei Pferden, Eseln und Zebras gut. Quagga-Proben aber lassen sich von lebenden Tieren nicht mehr beschaffen, obwohl diese Art bis zum 17. Jh. im heutigen Südafrika die häufigste Art der Großsäuger war. Dann aber begannen hauptsächlich Freizeitjäger die Tiere abzuschießen, Viehzüchter betrachteten sie als Nahrungskonkurrenten und schossen ebenfalls massenweise Quaggas. In Südafrika waren die Tiere daher wohl bereits um 1850 ausgerottet, deutsche Kolonialoffiziere berichteten allerdings noch 1901 von kleineren Quagga-Herden im heutigen Namibia. Danach aber müsen die

Quaggas endgültig ausgestorben sein. Um die Verwandtschaftsverhältnisse der Quaggas aufzuklären, mussten Wissenschaftler daher DNA aus ausgestopften Tieren in Naturkundemuseen analysieren. Trotz ihrer Pferdeähnlichkeit finden sich aber keine Pferde unter ihren direkten Vorfahren. Vielmehr haben die Quaggas sich vor rund 150 000 Jahren von den anderen Zebras getrennt.

> ### Tsetse-Fliegen und Zebrastreifen
>
> *Die Tsetse-Fliegen Afrikas übertragen bei ihrem Stich die Nagana-Seuche auf Tiere, bei Menschen heißt diese Infektion Schlafkrankheit. Zebras aber bekommen die Krankheit fast nie, weil die Facettenaugen der Fliegen das gestreifte Fell der Tiere einfach nicht erkennen können. Offensichtlich haben Zebras ihre Streifen daher entwickelt, weil sie so die Nagana-Seuche vermeiden konnten. Leben dagegen Pferde ohne Streifen in Regionen mit Tsetse-Fliegen, erkranken sie rasch an Nagana und sterben. Aus diesem Grund gibt es Pferde auch nur im tiefen Süden Afrikas, wo die Tsetse-Fliege kaum vorkommt. Genau dort lebten auch die Quaggas – und konnten daher auf die Zebrastreifen verzichten.*

Isolierende Eiszeit

Damals war es auf der Erde recht kalt, auf der Nordhalbkugel schoben die Gletscher Skandinaviens ihre Ausläufer bis zum Erzgebirge vor. Auch im Süden Afrikas war es deutlich kälter und trockener als heute. Vermutlich haben diese harschen Klimabedingungen dort eine Zebragruppe vom Rest ihrer Artgenossen abgetrennt.

Anschließend passierte genau das, was Evolutionsbiologen in einer solchen Quarantäne erwarten. Ohne Kontakt zu Artgenossen entwickelten sich die Zebras rasch zum Eiszeitzebra weiter, ohne aber eine eigene Art zu bilden. Auf die Streifen, die eigentlich vor der Tsetse-Fliege schützen, konnten die Quaggas verzichten. Diese Quälgeister wurden damals ebenfalls seltener, weil das Klima trockener wurde. Auch nach der Eiszeit blieben die Quaggas im heutigen Südafrika und in Namibia, wo weniger Tsetse-Fliegen als in den tropischen Regionen vorkommen.

Diese kurze Trennung von den anderen Zebras aber macht einigen Züchtern Hoffnung, die Quaggas wieder zurückzubekommen: Sie kreuzen im Süden Afrikas verschiedene Zebrarassen miteinander und hoffen so eine neue Unterart dieser Zebras zu erhalten, die den ausgestorbenen Quaggas ähnelt.

Die charakteristische Musterung der Zebras ent-
springt nicht etwa einer Laune der Natur, sondern
stellt ein raffiniertes Abwehrmittel gegen einen ihrer
tödlichen Feinde, die Tsetse-Fliege, dar.

Wandelnde Chemiefabriken: mit Gift gegen Feinde

Das Chemiewaffenarsenal der Insekten richtet sich gegen äußere und innere Feinde

Sie ziehen alle Register der chemischen Kriegsführung. Um sich gegen Feinde zu verteidigen, haben Insekten im Lauf ihrer Evolution ein erstaunliches Arsenal an giftigen, stinkenden oder ekelhaft schmeckenden Abwehrwaffen entwickelt. Bombardierkäfer können mithilfe von chemischen Reaktionen in speziellen Kammern ihres Körpers sogar kochend heiße Sekrete herstellen, die sie bei Gefahr mit einem Knall auf den Angreifer abfeuern. Manche Schmetterlinge aus der Gruppe der Widderchen setzen dagegen auf Blausäure. Ein hungriger Vogel, der ein solches Insekt verspeist, leidet anschließend zumindest unter Atemnot – das Gift kann ihn aber auch umbringen.

Kampf den Erregern!

Manchmal allerdings bleiben die chemischen Waffen seltsam stumpf. Den Larven einiger Blattkäfer zum Beispiel gelingt es zwar durchaus, mithilfe aggressiver Sekrete Marienkäfer und Ameisen in die Flucht zuschlagen. Gegen räuberische Wanzen aber wirkt diese Taktik nicht. Denn diese haben so lange Stechrüssel, dass sie mit den sekretgefüllten Bläschen auf dem Rücken der Larven gar nicht in Berührung kommen. Auch viele Vögel lassen sich von den Sekreten nicht beeindrucken.

Diese Wirkungslosigkeit hat das Interesse einiger Wissenschaftler geweckt. Denn Tiere stecken in der Regel keine Energie in Waffen, die dann nicht richtig funktionieren. Solche Fehlinvestitionen, die keinen Selektionsvorteil bringen, sollten laut Evolutionstheorie eigentlich rasch wieder verschwinden.

Des Rätsels Lösung kamen die Wissenschaftler auf die Spur, als sie Sekrete von Blattkäfern und Blattwespen genauer unter die Lupe nahmen. Sie fanden darin ein hoch konzentriertes Gemisch von Substanzen, die Bakterien und Pilze sehr effektiv am Wachsen hindern. Sie wirken beispielsweise gegen das Bakterium *Bacillus thuringiensis*, das die Darmwand der Krabbeltiere zerstört und sie dadurch tötet. Da lag der Schluss nahe, dass der aufwändige Chemiecocktail gar nicht zur Abschreckung von Fressfeinden gedacht ist. Vielmehr scheinen sich Blattkäfer und Blattwespen damit gegen Krankheitserreger zur Wehr setzen.

Eine schützende Wolke

In weiteren Versuchen hat sich das bestätigt. So tragen Blattkäferlarven ihre Sekrete in winzigen Ballons auf dem Rücken mit sich herum. Leert man diese Reservoire, so sind die ihrer Abwehrwaffen beraubten Tiere deutlich

anfälliger für Pilzerkrankungen als ihre Artgenossen mit prall gefüllten Bläschen.

Offenbar profitieren die intakten Larven davon, dass der Inhalt ihrer Ballons leicht verdunstet. Die chemischen Substanzen hüllen die Tiere dabei regelrecht in eine desinfizierende Wolke ein. Pilzsporen, die auf der Körperoberfläche der Insekten landen, haben da wenig Chancen zu keimen. Möglicherweise tötet der in der Luft schwebende Chemikaliencocktail sogar Bakterien auf den Futterpflanzen ab, bevor die Larven einen Bissen davon nehmen.

Wespen als Pflanzenschützer

Möglicherweise lassen sich von Insekten hergestellte Chemikalien als Pflanzenschutzmittel einsetzen. So kann man gegen die berüchtigten Feuerbrand-Bakterien, die im Obstbau jedes Jahr Millionenschäden anrichten, bisher nur mit Antibiotika vorgehen. Das hat den Nachteil, dass Bienen diese Mittel beim Besuch der Blüten aufnehmen und später Antibiotika im Honig auftauchen können. Die natürlichen Sekrete der Apfel- und Pflaumensägewespe könnten künftig eine umweltfreundlichere Alternative bieten.

Erfolgsrezept Anpassung

Zum Verzehr nicht geeignet: Manche Widderchen vergiften ihre Fressfeinde mit Blausäure.

Verkleidungskünstler, Imitatoren und „Betrüger"

Schutzanpassungen im Tier- und Pflanzenreich

Eigentlich sähe der Falter ganz appetitlich aus – wenn da nur nicht diese großen, starren Augen wären. Ist das Tier vielleicht doch gefährlich? Der gefiederte Jäger lässt es nicht darauf ankommen und hält lieber Abstand. Etliche Singvögel lassen sich von runden, paarweise angeordneten Flecken auf Schmetterlingsflügeln, z. B. beim Tagpfauenauge, ins Bockshorn jagen. Warum sie diese Muster nicht mögen, weiß niemand so genau. Möglicherweise fühlen sie sich an die Augen größerer Tiere erinnert.

Falsche Wespen

Auch andere Tiere haben im Lauf ihrer Evolution falsche Signale entwickelt, um ihr

Gegenüber hinters Licht zu führen. „Mimikry" nennen Biologen diese Form der biologischen Täuschung. So schützen sich viele der „Trickbetrüger" vor Feinden, indem sie wehrhafte oder schlecht schmeckende Arten imitieren. Harmlose Schwebfliegen geben sich z. B. gern als Bienen oder Wespen aus. Auch der Wespenbock und andere Bockkäfer haben die schwarz-gelbe Warntracht der stachelbewehrten Wespen übernommen. Der Hornissenschwärmer dagegen, ein Schmetterling, ahmt nahezu perfekt das Aussehen einer Hornisse nach.

Andere Arten wollen die Empfänger ihrer falschen Signale nicht abschrecken, sondern anlocken. Orchideen der Gattung *Ophrys* gestalten nicht nur einen Teil ihrer Blüte so, dass er wie ein Bienenweibchen aussieht. Sie senden sogar Sexuallockstoffe aus, um für Bienenmännchen attraktiv zu sein. Denn wenn diese sich zur Kopulation hinreißen lassen, bestäuben sie gleichzeitig die Blüten. Die getäuschten Bienenmännchen haben davon keinen großen Nachteil – abgesehen von einem missglückten Sexualakt. In anderen Fällen aber enden solche Täuschungsmanöver für die Opfer fatal. Der bizarre Seeteufel etwa hat den ersten Strahl seiner Rückenflosse zu einer Art Angel umgebildet. Daran hängt ein

Hautstückchen, das wie ein Wurm aussieht. Andere Fische, die sich von dieser vermeintlich leicht zu erwischenden Beute anlocken lassen, landen im Maul des Seeteufels.

Maskerade im Ozean

Die Australischen Riesensepien haben sogar Verkleidungen entwickelt, um ihre eigenen Artgenossen zu täuschen. Diese Tintenfische versammeln sich zur Paarung in großen Gruppen. Da die Weibchen ihre sexuellen Aktivitäten nicht auf einen Partner beschränken, sind die Männchen ängstlich darauf bedacht, ihre eigene Vaterschaft zu sichern. Also lassen sie möglichst keinen Rivalen in die Nähe ihrer Partnerinnen. Schwächere Männchen auf Brautschau haben daher schlechte Chancen. Also greifen diese zu einem Trick: Plötzlich verstecken sie ihr viertes Armpaar, das bei Männchen besonders lang und auffallend weiß ist. Ihre Haut nimmt die typische gesprenkelte Färbung der Weibchen und ihr Körper die Haltung eines Weibchens bei der Eiablage an. In dieser weiblichen Verkleidung versuchen sie, sich an dem eifersüchtigen Bewacher vorbeizustehlen – oft mit Erfolg.

Das Tagpfauenauge erschreckt seine Jäger mit dem stechenden Blick eines vorgetäuschten Augenpaars.

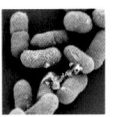

Evolution im Zeitraffer

Die schnelle Bildung von Antibiotikaresistenzen bei Bakterien wird zum Risiko der Medizin

Blutvergiftung und Kindbettfieber, Typhus und Syphilis – etliche gefährliche Bakterienkrankheiten schienen im Zeitalter der Antibiotika endlich besiegt. Dann aber wurde klar, dass Bakterien zähere Gegner sind als vermutet: Sie durchlaufen die Evolution im Schnelldurchgang und können sich in kürzester Zeit an neue Umweltbedingungen anpassen.

Winzige Anpassungskünstler

Natürlich setzt jedes neu entwickelte Antibiotikum einen Bakterienbestand erst einmal massiv unter Druck. Doch die meisten dieser Mikroorganismen bilden in kurzer Zeit viele

> ### Zufallsfund Penicillin
>
> *Einem puren Zufall verdankte Alexander Fleming im Jahr 1928 eine Entdeckung, die ihm später den Nobelpreis eintragen sollte. In seinem Labor hatte der schottische Mediziner ein Schälchen mit einer Bakterienkultur vergessen und war dann in Urlaub gefahren. Als er zurückkam, hatten sich darin Schimmelpilze angesiedelt und einen Teil der Bakterien aufgelöst. Schuld war ein Wirkstoff, der es zu Weltruhm brachte und die Medizin revolutionierte: das erste Antibiotikum namens Penicillin.*

Generationen. Da ist die Wahrscheinlichkeit relativ groß, dass bald ein paar Exemplare mit Erbgutveränderungen dabei sind, denen der Wirkstoff nichts mehr anhaben kann. Zu allem Überfluss können die Mikroben solche Resistenzen sehr schnell an Artgenossen oder sogar an Vertreter anderer Arten weitergeben. Sie tauschen dabei kleine Erbgutstücke aus, die Wissenschaftler als „mobile genetische Elemente" bezeichnen. Dazu gehören z. B. kleine Ringe des Erbmaterials DNA, die außerhalb des eigentlichen Bakterien-Chromosoms liegen und „Plasmide" genannt werden.

Ihr großes Anpassungstalent aber können die Einzeller am besten ausspielen, wenn sie häufig mit Antibiotika konfrontiert werden. Dann sind sie immer wieder einem Ausleseprozess unterworfen, in dem nur die resistenten überleben. Die für die Resistenz verantwortlichen Erbgutinformationen breiten sich so immer weiter unter den Mikroorganismen aus. Deshalb sollen Antibiotika nicht leichtfertig verordnet werden. Sonst werden die wertvollen Waffen im Kampf gegen Infektionskrankheiten nämlich ganz schnell stumpf.

Vom Stall auf den Acker

In der Massentierhaltung aber werden Antibiotika häufig vorbeugend eingesetzt. Und das kann Folgen haben, die weit über den Stall hinausreichen. Denn Rückstände der Medikamente landen auch in der Gülle, die Landwirte dann als Dünger auf die Felder fahren. Was diese Substanzen im Boden bewirken, haben Wissenschaftler getestet. Sie vermischten zwei unterschiedliche Bodenarten mit Gülle, die das Antibiotikum Sulfadiazin enthielt. Anschließend analysierten sie die Lebensgemeinschaft der Bodenbakterien und verglichen sie mit unbehandelten Bodenproben. Zwei Monate nach der Düngung enthielten beide Gülleböden viel mehr Bakterien, denen das Antibiotikum nichts anhaben konnte. Spezielle Resistenzgene gegen Sulfadiazin verbreiteten sich in diesen Lebensgemeinschaften rasant. Es gilt daher als sicher, dass die Gülledüngung in den letzten Jahrzehnten das Erbgut der Mikroorganismen in den Äckern schon in Richtung größerer Antibiotikaresistenz verschoben hat. Wie rasch die entsprechenden Erbinformationen über die Feldfrüchte auch in die Nahrungskette und damit in Reichweite der Bakterien im menschlichen Körper geraten, ist noch unbekannt.

Krankheitserreger wie dieser Listeriose-Bakterienstamm (50 000-fache Vergrößerung) können Resistenzen gegen Antibiotika bilden.

Erfolgsrezept Anpassung

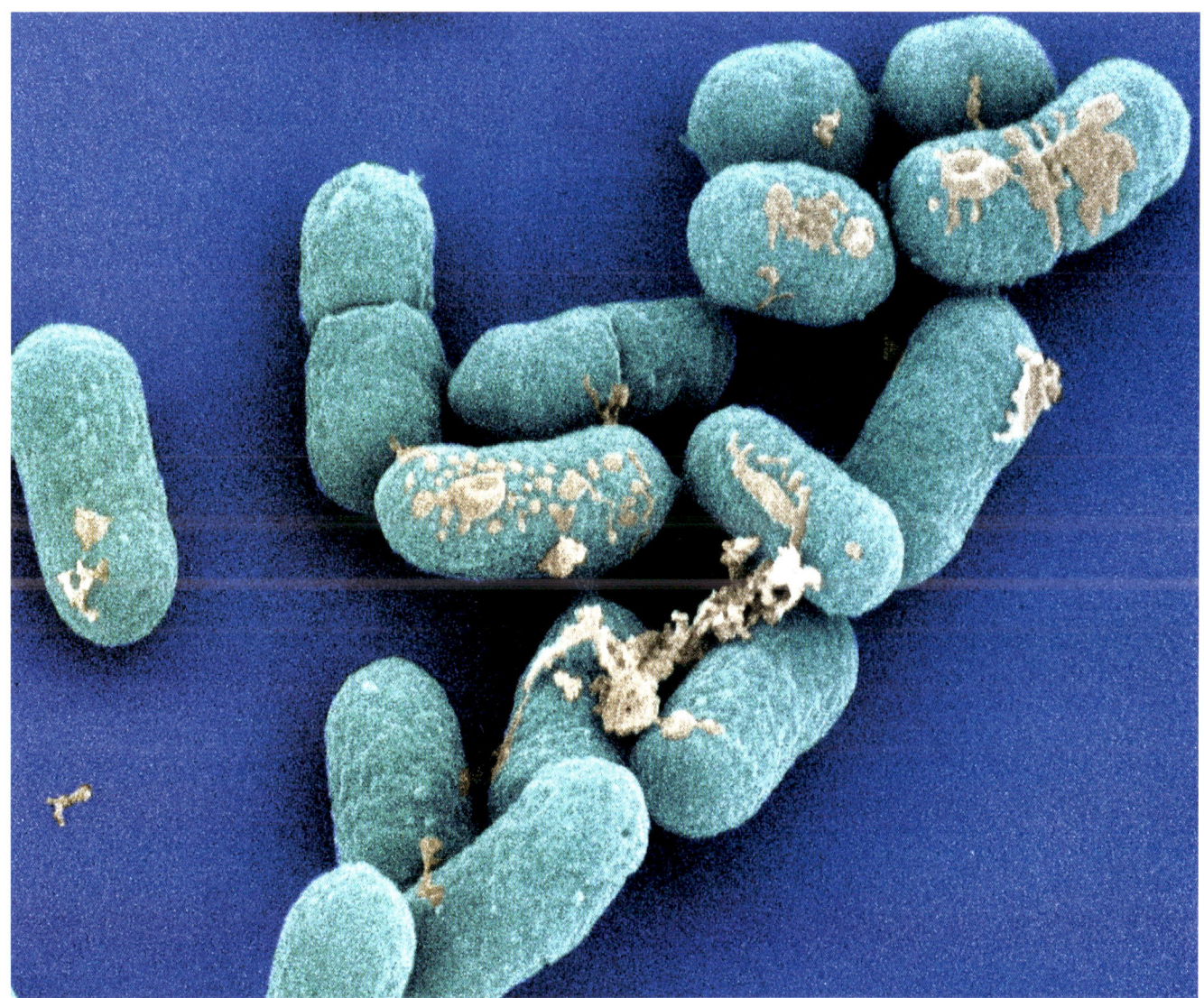

Die Evolution macht Sprünge
Wie Vögel extrem schnell ihr Verhalten ändern

Ob Vögel im Herbst in den sonnigen Süden mit guten Futterquellen ziehen, ist in ihrem Erbgut sehr flexibel angelegt. Bei sogenannten Teilziehern, die zum Teil in ein Winterquartier ziehen und zum Teil „zu Hause" bleiben, kann man in nur drei Generationen einen Bestand aus reinen Zugvögeln züchten. Dazu muss man nur immer Tiere miteinander paaren, die ohnehin ziehen. Für die Evolution ist das praktisch Lichtgeschwindigkeit.

Rauchschwalben bleiben zu Hause
Paart man dagegen nichtziehende Vögel aus einer Teilzieher-Art miteinander, werden die Tiere nach wenigen Generationen zu Nichtziehern. Solche raschen Veränderungen helfen den Vögeln, sich an Veränderungen anzupassen. Die Rauchschwalbe ist beispielsweise ein typischer Zugvogel, je nach Erbgut ziehen fast alle Tiere von Mitteleuropa entweder bis Zentralafrika oder gar nach Südafrika. Einige wenige Tiere aber versuchen jedes Jahr, in Europa zu überwintern.

Die meisten dieser zu Hause gebliebenen Rauchschwalben überleben aber den Winter nicht. Für den Bestand fällt dieser Verlust kaum ins Gewicht. Wird das Wetter aber milder, lohnt sich das Experiment, weil viele in Europa gebliebene Rauchschwalben den Winter überleben. Lange vor der Ankunft der Zugvögel können sie mit der Brut beginnen und haben so einen großen Vorteil. So baut sich rasch ein Bestand von Standvögeln auf, solange die Winter mild bleiben. Selektion nennen Evolutionsbiologen solche Vorgänge. Die geringe „Investition" von in kalten Wintern verendeten Rauchschwalben zahlt sich also in Form einer sehr schnellen Anpassung an eine Klimaerwärmung aus.

Uralte Auswahl
Offensichtlich gibt es Gene im Erbgut, die für die Zugaktivität und den Vogelzug zuständig sind. Andere Gene dagegen sorgen für die Sesshaftigkeit der Vögel. Jedes Tier hat offensichtlich beide Erbanlagen in sich. Im Einzelfall überwiegt eine der Seiten und bringt den Vogel entweder zum Ziehen oder zum Zuhausebleiben. Paart man daher Vögel aus einer Teilzieher-Population miteinander, die in ihre Winterquartiere fliegen, steigt im Erbgut der Nachkommen der Anteil der Zugaktivitäts-Gene und die Vögel ziehen weiter in die Ferne. Vermutlich haben die Vögel diese Wahl zwischen zwei Varianten im Erbgut gar nicht erfunden, sie ist wohl viel älter. Denn viele andere Tiere zeigen ebenfalls solche Verhaltensweisen. So wanderten die Bisons in Amerika einst von Nord nach Süd und umgekehrt dem wachsenden Gras auf den Prärien hinterher. Und sogar Bäume produzieren Samen, die in der näheren Umgebung keimen. In der Jahreszeit kräftiger Winde aber schalten sie auf Samen um, die Flugapparate besitzen und so eine weite Verbreitung ermöglichen. Auch Amseln, Rotkehlchen und der Star kennen diese schnelle Evolution: Alle diese Arten sind erst nach der letzten Eiszeit bei uns eingewandert und waren zunächst reine Zugvögel. Als das Klima milder wurde, wandelten sie sich zu Teilziehern. Manche Populationen sind inzwischen reine Standvögel geworden – die Mischung im Erbgut macht es möglich.

> ### Krankheit als Selektionsvorteil
> *Die Erbkrankheit Sichelzellenanämie verändert die roten Blutkörperchen und beeinträchtigt deren Funktion des Sauerstofftransports. Normalerweise ist diese Erbeigenschaft recht selten. Das ändert sich in Malariagebieten rasch, weil Sichelzellenanämie gleichzeitig vor Malaria schützt und so für die Menschen zum Selektionsvorteil wird. In manchen Regionen Afrikas tragen ein Drittel aller Menschen diese Erbeigenschaft.*

Erfolgsrezept Anpassung

Ein Beispiel dafür, dass Zugvögel sowohl eine Erbanlage tragen, die sie zum Ziehen bewegt, als auch
eine, die sie zum Bleiben veranlasst, ist die Rauchschwalbe. Die meisten dieser Vögel überwintern im
warmen Süden, einige aber versuchen, in Mitteleuropa der Kälte zu trotzen.

Mächtige Geweihe, große Räder, starke Schnäbel
Demonstration von Luxus als Zeichen der Stärke

Die sexuelle Selektion

Kilometerweit schallt ein gewaltiges Krachen durch den Wald, wenn Hirsche mit ihren mächtigen Geweihen aneinander geraten. Der Kampf um die Hirschkühe klingt nicht nur gefährlich, er ist auch tatsächlich riskant. Oft ziehen sich die Tiere dabei tödliche Verletzungen zu. Manchmal verhaken sich die Geweihe so ineinander, dass die Kontrahenten nicht mehr voneinander loskommen und beide verhungern. Da ist es schon besser, man demonstriert seine Stärke von Vornherein so eindeutig, dass der Nebenbuhler es gar nicht erst auf einen Kampf ankommen lässt. Zur Schau aber stellen viele Tiere ihre Fitness mit überdimensionaler Größe.

Das Rad des Pfaues spart Zeit
Auch die Weibchen legen Wert darauf, sich mit dem stärksten Partner zu paaren. Gibt dieser doch seine Erbanlagen für Kraft und Fitness an die Nachkommen weiter und verhilft ihnen zu besseren Überlebenschancen. Allerdings möchte eine Pfauenhenne den Hahn ihrer Wahl nicht erst monatelang beobachten, um seine Kraft beurteilen zu können. Um dieses lange „Bräutigamschauen" zu vermeiden, hat die Evolution ein Luxusprinzip entwickelt. Männchen lassen sich einfach bestimmte Organe und Strukturen

wachsen, die sie zum Leben nicht unbedingt benötigen. Je besser ein Tier mit den Herausforderungen der Natur auskommt, umso mehr Energie wird es übrig haben, die es in diesen Luxus investieren kann. Ist ein Pfauenhahn besonders fit, kann er sich also auch ein großes Rad leisten. Luftkammern in den Federn des Rades unterstreichen den Luxus, weil sie das Sonnenlicht unterschiedlich brechen und so für schillernde Farben sorgen.

> ### Mathematischer Beweis
> *Das Prinzip „Luxus demonstriert Stärke" können Theoretiker eindrucksvoll beweisen. Setzt man das Wachstum des jeweiligen Schmuckes und des Körpers verschiedener Tierarten zueinander ins Verhältnis, zeigt sich: Hörner, Geweihe, Kehlfahnen und Pfauenräder wachsen erheblich schneller als die Körper der Tiere insgesamt. Logarithmisches Wachsen nennt man das. Meist wird das Schmuckstück in der Zeit, in der die Ausmaße des Körpers sich verdoppeln, rund viermal größer. Manche Arten stecken sogar die achtfache Energie in ihre Luxus-Accessoires, während der Körper nur aufs Doppelte wächst. Die Demonstration der Stärke scheint also erheblich wichtiger als die Fitness selbst.*

Hähne mit kleineren Rädern werden von Hennen meist gar nicht beachtet, weil diese instinktiv wissen, dass der karge Schmuck auf einen weniger guten Partner hinweist. Aber auch seinen Feinden demonstriert der Pfau mit dem Rad seine Stärke. Unterstrichen wird dieses Protzen mit der eigenen Kraft noch durch dekorative Flecken auf den Schwanzfedern, die aus der Entfernung den Augen großer Säugetiere ähneln und so manches Raubtier in die Flucht schlagen.

Starker Schnabel
Das gleiche Prinzip kennen auch Amselmännchen. Ihr Schnabel leuchtet umso gelber, je besser genährt der Vogel ist. Die weibliche Amsel muss sich dann nur noch nach einem möglichst intensiv gelben Schnabel umschauen, um ihren Nachkommen die bestmöglichen väterlichen Eigenschaften mitgeben zu können. Männliche Anolis-Eidechsen lassen ihre Kehlfahne umso größer wachsen, je kräftiger sie sind. Gazellen und Antilopen wiederum stellen ihre Stärke mit möglichst großen Hörnern zur Schau.

Auch beim Rentier kann das Geweih nicht groß genug sein – im Bild eine Rentierherde in Lappland.

Siegertypen gesucht

Häsinnen wählen nur körperlich fitte Partner

Auch bei den Feldhasen spielt die sexuelle Selektion eine große Rolle. Die Weibchen entscheiden, mit wem sie sich paaren - und sie sind nicht leicht zufriedenzustellen. Bevor eines der auch „Rammler" genannten Männchen zum Zuge kommt, muss es ein strenges Auswahlverfahren bestehen. Die erste Disziplin ist ein Wettlauf, bei dem meist mehrere Rammler eine Häsin verfolgen. Danach folgt dann ein Boxkampf: Zwei Hasen bauen sich drohend voreinander auf und prügeln mit den Vorderpfoten aufeinander ein.

Selektion im Wettkampf

Lange hatte man angenommen, dass dabei zwei Männchen gegeneinander antreten. Doch als Biologen in den 1970er-Jahren die Männchen und Weibchen mit Ohrmarkierungen in verschiedenen Farben versahen, wurde klar: Die Kontrahenten sind immer unterschiedlichen Geschlechts. Die körperlich überlegene Häsin fordert den Sieger des Wettlaufs zum Zweikampf. Nur wenn das Männchen dabei eine halbwegs gute Figur macht, darf es sich anschließend mit dem Weibchen paaren. So sucht die Häsin unter den diversen Kandidaten den schnellsten, ausdauerndsten und kräftigsten Vater für ihren Nachwuchs aus.

Der Triumph des siegreichen Männchens währt allerdings nicht lange. Manchmal dauert es nur ein paar Stunden, bis die Häsin den nächsten Wettkampf ansetzt und sich mit dem nächsten Sieger paart. Bei den weiblichen Feldhasen lösen die Bewegungen der Kopulation den Eisprung aus, die Tiere haben also für jeden ihrer Partner neue Eier zur Verfügung. Deshalb können gleichzeitig geborene Geschwister durchaus verschiedene Väter haben. Und das scheint eher die Regel als die Ausnahme zu sein. Bei mindestens 20 Prozent aller Würfe stammen die kleinen Hasen von mehr als einem Vater ab.

Bedrohte Osterboten

Vielleicht ist es ein Glück, dass die Langohren ihre Strategien aus schlechteren Zeiten nicht aufgegeben haben. Denn mittlerweile sind die großen Feldhasenbestände auch schon wieder Geschichte. Vor allem in den 1980er-Jahren sind deren Populationen in vielen europäischen Ländern zurückgegangen. In Deutschland steht der Osterbote seit 1994 auf der Roten Liste der bedrohten Arten. Offenbar macht ihm unter anderem die intensive Landwirtschaft zu schaffen.

Ein Erbe aus alten Zeiten

Dieser Hang zur Promiskuität dient vermutlich dazu, Inzucht zu vermeiden. Hasen verbringen ihr Leben in der Regel dort, wo sie geboren wurden. Da besteht die Gefahr, dass sie sich mit Verwandten paaren. Das aber führt zu Schäden im Erbgut, betroffene Tiere sind oft klein und schwach, unfruchtbar und krank. Stammt der Nachwuchs von mehreren Vätern, sinkt dieses Risiko.

Diese Strategie zur Inzuchtvermeidung könnte ein Erbe aus früheren Tagen der Hasen-Evolution sein. Denn wichtig ist sie vor allem bei kleinen Populationen mit knappem Partnerangebot. Solche Verhältnisse herrschten, als Hasen noch über die Steppen der Erde hoppelten, von denen sie ursprünglich stammen. Als der Mensch dann aber eine Kulturlandschaft mit Feldern, Wiesen und Gebüschen anlegte, fanden die Langohren dort viel bessere Lebensräume. Die Hasendichte stieg. Doch obwohl damit die Inzuchtgefahr nicht mehr so groß war, haben die weiblichen Langohren ihr Faible für mehrere Partner offensichtlich beibehalten.

Die Fitness ihres zukünftigen Partners prüft die Häsin im direkten Kampf gegen diverse Kandidaten.

Der Schwerste gewinnt

Das Merkmal Körpergröße bei den See-Elefanten

Die sexuelle Selektion

Das Liebesleben der See-Elefanten verläuft nach ganz anderen Spielregeln als das der Hasen. Wenn die massigen Tiere beispielsweise an den Stränden der Insel South Georgia im Südatlantik dösend am Strand liegen und träge aufs Meer hinausblinzeln, traut man ihnen keinerlei mit Hektik und Aggressivität verbundenen Aktionen zu. Doch der Eindruck täuscht.

Große Männchen, kleine Weibchen

Zur Paarungszeit versammeln sich See-Elefanten in großen Kolonien. Hier haben eindeutig die großen älteren Bullen mit ihren auffälligen Rüsseln das Sagen. Will sich ein

Haremswächter

Auch bei vielen anderen Säugetieren, die einen Harem zu verteidigen haben, werden die Männchen größer als die Weibchen. „Geschlechtsdimorphismus" nennen Biologen solche auffälligen körperlichen Unterschiede zwischen den Geschlechtern. Eines der bekanntesten Beispiele ist der Gorilla. Während die Weibchen der großen Menschenaffen 70 bis 90 kg schwer werden, bringen die Männchen bis zu 200 kg auf die Waage.

See-Elefant mit einer Partnerin paaren, legt er die Vorderflosse um sie und beißt ihr in den Nacken. Gegenwehr ist dann zwecklos: Die Bullen können ihr Ziel einfach dadurch erreichen, dass sie sich auf das Weibchen wälzen. Schon ist es bewegungsunfähig.

Denn See-Elefanten gehören zu den Tieren, bei denen die Unterschiede in der Körpergröße zwischen den Geschlechtern besonders auffällig sind. Ein Bulle kann immerhin 6,5 m lang und 3,5 t schwer werden. Weibchen dagegen bringen es gerade einmal auf 3,5 m Länge und maximal 900 kg Gewicht.

Schon Charles Darwin hatte darüber gerätselt, wie solche extremen Größenunterschiede bei Tierarten zustande kommen. Schließlich hat das tonnenschwere Gewicht durchaus seine Nachteile. So kommt es während der brachialen Paarung der See-Elefanten immer wieder zu Unfällen. Jungtiere, die den alten Bullen dabei zufällig im Weg liegen, werden oft einfach erdrückt.

Ein ständiger Kampf

Dennoch sind See-Elefanten im Lauf ihrer Evolution nicht schlanker geworden. Es muss also spezielle Herausforderungen für die Männchen geben, die einen so massigen Körper erfordern. Des Rätsels Lösung liegt in

der erbitterten Konkurrenz der Bullen untereinander. Ausgewachsene Männchen beanspruchen einen Harem von zehn bis zwanzig Kühen. Den aber gilt es gegen die Avancen von Artgenossen zu verteidigen.

Oft sind dabei Drohgebärden im Spiel. So sieht man immer wieder See-Elefanten, die sich kraftmeierisch voreinander aufrichten, die Oberkörper gegeneinander klatschen und einschüchternd brüllen. Häufig aber kommt es auch zu ernsthaften Kämpfen. Selbst der Sieger hat dann oft blutige Striemen am Körper, wenn er sich endlich wieder seinen Weibchen zuwendet.

Doch der Frieden währt nicht lange. Jüngere und schwächere Bullen werden zwar an den Rand der Kolonie abgedrängt. Sie lauern aber ständig auf ihre Chance, sich dem anderen Geschlecht doch noch zu nähern.

Der nächste Kampf ist also vorprogrammiert. In dieser endlosen Auseinandersetzung sind die größten, schwersten und kräftigsten Tiere klar im Vorteil. Sie haben daher die besten Chancen, sich fortzupflanzen. Also wird das erfolgreiche Merkmal „massiger Körper" bevorzugt an die nächste Generation weitergegeben – und wieder wachsen neue See-Elefanten zu den Riesen unter den Robben heran.

Ein See-Elefantenbulle in aggressiver Pose. Die
Bullen stehen untereinander in erbitterter Konkurrenz um die Kühe. In diesem Kampf spielen Größe
und Gewicht eine entscheidende Rolle - diese
Merkmale werden bevorzugt weitervererbt.

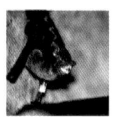

Das Parfüm der Fledermäuse
Individuelle männliche Duftstoffe für individuelle weibliche Ansprüche

Neben körperlichen Vorzügen gibt es noch andere Möglichkeiten, einen Partner für sich zu gewinnen. Manche Arten stecken ziemlich viel Aufwand in die Produktion betörender Düfte. Das richtige Aroma scheint ihnen einen wichtigen Selektionsvorteil zu verschaffen.

Duftende Flügel
Die Männchen der südamerikanischen Sackflügelfledermaus tragen ihr Parfüm in speziellen Hauttaschen in den Flügeln mit sich herum. In Kolonien in Costa Rica und Panama haben Forscher beobachtet, wie die Tiere sekundenlang im anstrengenden Schwirrflug vor den Weibchen flattern und ihnen dabei den Duft zufächeln. Dabei gilt es auch noch, den richtigen Abstand einzuhalten, sonst fängt sich der Bewerber leicht einen abwehrenden Schlag ein. Bei diesen Fledermäusen bestimmen die Weibchen, wann sie sich mit wem paaren. Da tun die Männchen gut daran, ihre duftende Werbebotschaft sorgfältig zusammenzustellen. Jeden Nachmittag lecken die Tiere ihre Flügeltaschen aus und spülen sie mit Urin. Um sie neu zu füllen, veranstalten sie dann eine aufwändige Prozedur. Sie pressen das Kinn gegen den Penis und nehmen dort tropfenweise Sekret aus der Vorsteherdrüse auf. Gemischt mit Sekreten aus Drüsen am

Kinn ergibt das eine stark riechende Substanz, die das Tier anschließend in seine Flügeltaschen schmiert und mit Urin und Speichel versetzt. Damit aber ist die Duftkomposition noch nicht abgeschlossen. Wie der menschliche Schweißgeruch entsteht auch der typische Fledermausduft erst durch Abbauprozesse. Bakterien wandeln den Sekretcocktail in neue Substanzen mit speziellen Duftnoten um.

Flattertiere mit persönlicher Note
Nach Abschluss der Prozedur aber riechen nicht etwa alle Fledermäuse gleich. Das könnte an den Bakterien in den Flügeltaschen liegen. Mehr als vierzig Arten von Mikroorganismen hat man inzwischen aus den Hautsäcken isoliert. Pro Männchen aber finden sich durchschnittlich nur zwei Arten. Und da jede Bakterienart etwas andere Abbauprozesse durchführt, entsteht bei jedem Tier ein charakteristisches Duftgemisch – wahrscheinlich sind sie am Geruch unterscheidbar.

Einen unwiderstehlichen „Erfolgsduft" scheint es aber nicht zu geben. Manche Männchen zeugen zwar mehr Nachwuchs als andere. In ihrer Duftkomposition haben die erfolgreichen Väter allerdings nichts gemeinsam. Und als die Forscher Weibchen mit den einzelnen Substanzen aus dem Männchenparfüm konfrontierten, reagierten sie auf keine davon mit besonderer Begeisterung. Jedes Weibchen scheint vielmehr eine andere Duftmischung zu bevorzugen. Das könnte daran liegen, dass der jeweilige Geruch Rückschlüsse auf bestimmte Eigenschaften des Immunsystems erlaubt. Möglicherweise sucht jedes Weibchen nach einem Partner, dessen Immunsystem sich möglichst stark von seinem eigenen unterscheidet. Das würde dem Nachwuchs besonders effektive Abwehrkräfte verleihen.

Ein Cocktail aus Gerüchen

Insgesamt elf verschiedene chemische Verbindungen haben die Wissenschaftler aus dem Fledermausparfüm isoliert. Dazu gehört beispielsweise Indol, das typisch für Kotgeruch ist, in geringer Konzentration aber auch in der Pro-

duktion von Parfümen für den menschlichen Gebrauch eingesetzt wird. Andere Bestandteile dagegen waren Chemikern bisher völlig unbekannt. Und woher die Flattertiere das Vanillin für ihre Duftkomposition nehmen, ist nach wie vor ein Rätsel.

Die Männchen der Sackflügelfledermaus fächeln
den Weibchen ihren individuellen Duftstoff mit
den Flügeln zu.

Drum prüfe, wer sich ewig bindet

Die Partnerwahl beim Menschen

Auch Menschen lassen sich bei der Partnerwahl von ihrer Nase beeinflussen. Wie bei den Fledermäusen gibt es bei ihnen individuelle Duftvorlieben, die wohl mit dem Immunsystem zusammenhängen. Als Frauen in wissenschaftlichen Tests die Attraktivität von verschwitzten Männer-T-Shirts bewerten sollten, fanden sie meist den Geruch solcher Männer am attraktivsten, deren Immunsystem sich am stärksten vom eigenen unterschied. Die Kombination möglichst unterschiedlicher Immunsysteme scheint also ein Selektionsvorteil zu sein, der dem Nachwuchs bessere Überlebenschancen beschert.

Allerdings suchen Menschen ihre Partner noch nach vielen anderen Kriterien aus. Sie gehören in dieser Hinsicht zu den wählerischsten Arten auf dem Planeten. Das ist aus biologischer Sicht durchaus sinnvoll, denn sowohl Frauen als auch Männer investieren meist viel Zeit, Kraft und Geld in ihren Nachwuchs. Da kann sich eine sorgfältige Auswahl des Partners nur auszahlen. Meist spielt dabei das Aussehen eine wichtige Rolle.

Das Geheimnis der Schönheit

Bezüglich des Äußeren scheint es bestimmte Merkmale zu geben, die allgemein als attraktiv gelten. Einige Wissenschaftler versuchen, diesem Geheimnis menschlicher Schönheit auf die Spur zu kommen, indem sie Fotos von Gesichtern in verschiedenen Richtungen verändern und diese dann von Testpersonen bewerten lassen.

Ein Frauengesicht wird als attraktiv angesehen, wenn es relativ schmal ist, hohe Wangenknochen und eine schmale Nase hat. Der Abstand zwischen den Augen muss vergleichsweise groß sein, die Wimpern dicht und lang, die Augenbrauen schmal und dunkel. Weitere Pluspunkte sind eine gebräunte, glatte Haut und volle, gepflegte Lippen. Erstaunlicherweise sind es fast genau die gleichen Kriterien, die ein attraktives männliches Gesicht ausmachen. Darüber hinaus können Männer auch noch mit einem ausgeprägten Unterkiefer und Kinn punkten.

Ein uraltes Erbe

Manche dieser Schönheitsideale stammen möglicherweise aus der Frühzeit der menschlichen Geschichte. So ist es wohl kein Zufall, dass Männer rund um den Globus ein Faible für Frauen mit strahlenden Augen, vollen Lippen und makelloser, glatter Haut haben. Denn das waren seit jeher Zeichen für Jugend und Gesundheit – und damit für die frühen Männer ein wichtiges Signal: Diese Partnerin versprach gesunden Nachwuchs.

Nur die wenigsten Männer und Frauen werden heute ganz bewusst solche Überlegungen anstellen. Das haben in den meisten Fällen auch unsere Ahnen nicht getan. Doch diejenigen, die unbewusst nach diesem Prinzip vorgingen, dürften bei der Fortpflanzung mehr Erfolg gehabt haben. Ihre Gene und Verhaltensmuster blieben also erhalten und vererbten sich von Generation zu Generation. Der heute selbstverständliche Wunsch nach einem möglichst attraktiven Partner könnte also ein Erbe aus diesen Zeiten sein.

Bei der Partnerwahl spielen Schönheitsideale eine wichtige Rolle, die zum Teil weltweit gleich sind.

Attraktive Proportionen

Selbstverständlich schauen Männer bei Frauen nicht nur ins Gesicht, sondern auch auf die Figur. Dabei finden die meisten Testpersonen in psychologischen Untersuchungen diejenigen Frauen am attraktivsten, bei denen die Taille etwa ein Drittel weniger Umfang hat als die Hüfte. Es gibt Hinweise darauf, dass eine solche Verteilung des Körperfetts ein Indiz für eine gesunde Fruchtbarkeit ist.

Eigene Wege in die Isolation
Geografische Barrieren sorgen für die allopatrische Artbildung

Mutation und Selektion schaffen alle möglichen Varianten von Organismen und helfen ihnen, sich an bestimmte Umweltbedingungen anzupassen. Eine neue Art aber ist damit noch nicht entstanden. Denn dazu müssen zumindest einige Mitglieder eines Tier- oder Pflanzenbestands große genetische Unterschiede zum Rest ihrer Artgenossen entwickeln. Solange sie sich aber immer wieder mit den anderen paaren, passiert das in der Regel nicht. Denn dabei wird jedes Mal das Erbgut des Bestands gemischt. Genetische Exzentriker können sich da auf Dauer nicht halten.

Berg und Tal

Manchmal aber verlieren einige Tiere oder Pflanzen den Kontakt zum Rest ihrer Artgenossen. Das kann z. B. passieren, wenn Kontinente auseinander driften, wenn Grabenbrüche aufreißen oder Gebirge aufgefaltet werden. Heutzutage kann auch der Bau einer breiten Straße genügen, die Kleintiere nicht mehr überqueren können. Die so getrennten Populationen entwickeln sich dann mit der Zeit immer weiter auseinander. Schließlich haben sie es in ihrer jeweiligen Heimat oft mit unterschiedlichen Umweltbedingungen zu tun, die zur Anpassung zwingen. So können neue Unterarten entstehen, die sich deutlich

voneinander unterscheiden. Manchmal werden die Abweichungen in Erbgut, Aussehen und Verhalten sogar so groß, dass sich die ehemaligen Artgenossen nicht mehr paaren können. Dann sind neue Arten entstanden. Diesen Prozess, der durch geografische Barrieren ausgelöst wird, nennen Biologen „allopatrische Artbildung".

Insel-Pioniere

Inseln bieten besonders günstige Voraussetzungen für diese Vorgänge. Wenn dort z. B. ein paar Landtiere stranden, sind sie von ihren Artgenossen isoliert und oft mit ganz anderen Umweltbedingungen konfrontiert als diese. Zudem sorgt auch der Zufall für neue genetische Möglichkeiten. Denn die Gestrandeten sind meist eine kleine, willkürlich zusammengewürfelte Schicksalsgemeinschaft. Allein von ihrem Erbgut aber hängt es ab, welches genetische Ausgangsmaterial der neuen Inselpopulation zur Verfügung steht.

Vielleicht bleiben in einer solchen Situation ja ungewöhnliche Gene erhalten, die ansonsten keine Chance gehabt hätten. Schließlich ist in den kleinen Gründerpopulationen der Konkurrenzdruck durch die Artgenossen in der Regel nicht so groß. Vielleicht können sich die Tiere dort also sogar ein paar extravagante

Eigenschaften leisten. Und vielleicht erweisen sich ausgerechnet diese als besonders nützlich für das Inselleben.

Dass die konkurrierende Verwandtschaft bald die gleichen Ufer erreichen könnte, ist unwahrscheinlich. Also bleibt den tierischen und pflanzlichen Robinsons meist genügend Zeit, solche genetischen Besonderheiten in ihrem Erbgut anzusammeln. Inseln gelten daher als besonders wichtige Experimentierfelder der Evolution. Oft besteht ihre Flora und Fauna aus zahlreichen spezialisierten Arten und Unterarten, die es nirgendwo sonst auf der Erde gibt. So leben auf verschiedenen Inseln des Galapagos-Archipels jeweils eigene Varianten der massigen Riesenschildkröten.

Eisige Barrieren

Auch die letzte Eiszeit, die vor etwa 10 000 Jahren zu Ende ging, hat die Bildung neuer Arten beflügelt. Denn viele Tiere wanderten damals auf der Flucht vor der Kälte in wärmere Regionen aus und verteilten sich dabei auf verschiedene isolierte Refugien. Bei der Gelegenheit haben sich beispielsweise die Wege von Silber- und Heringsmöwen ebenso getrennt wie die von Nachtigallen und Sprossern.

*Auf relativ engem geografischem Raum, aber durch
das Meer voneinander getrennt, haben die Riesenschildkröten auf den verschiedenen Galapagosinseln
eigene Varianten entwickelt.*

Ein Versuchslabor der Vogelevolution
Neuseeland war einst eine Insel fast ohne Säugetiere – ein Paradies für Vögel

Als James Cook im 18. Jh. als erster Europäer die Südinsel Neuseelands erreichte, hatte er gleich mehrere Probleme. Obwohl sein Schiff noch ein ganzes Stück von der Küste entfernt war, konnte seine Mannschaft angeblich vor lauter Vogelgezwitscher die Segelkommandos nicht mehr hören. Und ihm selbst raubte der nächtliche Lärm der gefiederten Inselbewohner den Schlaf – einen solchen Vogelradau hatte der Seefahrer auf seinen Reisen bisher nirgends erlebt.

Freie Nischen

Neuseeland gilt unter Biologen als das wichtigste Versuchslabor der Vogelevolution. Denn das Land hat sich schon vor mindestens 80 Mio. Jahren von den anderen Kontinenten getrennt. Damals stapften noch Dinosaurier über die Erde, die große Zeit der Säugetiere hatte noch nicht begonnen. Abgesehen von Fledermäusen und Meeresbewohnern wie Robben, die den Ozean überqueren konnten, mussten sich die Vögel Neuseelands daher in den folgenden Jahrmillionen keinerlei pelziger Konkurrenz erwehren.

Also konnten gefiederte Spezialisten all jene ökologischen Nischen besetzen, in denen sich anderenorts die Säugetiere breit machten. Winzige Zaunkönige huschten geschäftig über den Boden wie Mäuse. Gewaltige Moas, die es auf 270 kg Gewicht brachten, übernahmen die Rolle der großen Weidetiere. Auch die gut hühnergroßen Takahes mit ihrem blau schillernden Gefieder und dem kräftigen roten Schnabel gehörten zu den reinen Pflanzenfressern. Dagegen lebten die Kiwis ähnlich wie auf anderen Kontinenten die Igel: Die rundlichen braunen Vögel schnupperten nachts im Gesträuch herum und vertilgten Insekten.

Verlorene Flügel

In dieser Welt ohne Säugetiere drohte den Vögeln vom Boden her wenig Gefahr. Viele Arten gaben daher im Lauf ihrer Evolution ihre Flugfähigkeit auf und reduzierten ihre Flügel zu winzigen Stummeln. Warum Energie für den anstrengenden Flug verschwenden, wenn man auch am Boden sicher war? Jahrmillionen lang ging dieses Kalkül auf, Moas, Kiwis und Takahes eilten auf kräftigen Beinen unbehelligt umher. Bis dann vermutlich vor etwa 1000 bis 700 Jahren die ersten Kanus der aus Polynesien stammenden Maori auf den beiden Hauptinseln Neuseelands landeten. Von da an waren die großen, flugunfähigen Moas leichte Beute, bald war der letzte erlegt. Zudem haben zunächst die Maori und später die Europäer ein Heer von Säugetieren eingeführt. Für die nicht auf solche Feinde eingerichtete Vogelwelt hatte das fatale Folgen. Ratten machten sich über die Eier her, Wiesel und Hermeline stellten den Küken nach und erwachsene Vögel wurden Opfer von Katzen und Hunden. Viele der gefiederten Ureinwohner hatten diesem Ansturm der Säugetiere nichts entgegenzusetzen, ihre Bestände brachen ein. Die Takahes z. B. galten schon als ausgestorben, bis 1948 auf der Südinsel doch noch ein kleiner Bestand entdeckt wurde.

Schnuppernde Vögel

Kiwis gelten unter Biologen als „Säugetiere ehrenhalber". Denn ihr feines Gefieder fühlt sich eher an wie ein Fell. Sie haben schwerere Knochen, eine niedrigere Körpertemperatur und ein besseres Gehör als die meisten anderen Vögel.

Ähnlich wie Katzen besitzen sie Tasthaare im Gesicht, die ihnen bei der Orientierung im Dunkeln helfen. Und auch ihr Geruchssinn ist ungewöhnlich gut. Als einzige Vögel überhaupt haben Kiwis Nasenlöcher an der Spitze ihres Schnabels.

Für die Takahes war Neuseeland über Jahrtausende ein Paradies, das in ihrer Evolution zur Rückbildung der Flügel führte. Als Menschen und Säugetiere die Inseln eroberten, wurden sie zu deren leichter Beute und waren wie viele andere Vogelarten Neuseelands bald in ihrer Existenz gefährdet.

Urtümliche Primaten in den Wäldern Madagaskars

Der Insellage verdanken die Lemuren ihre Existenz

Eine Gruppe Wanderer stapft durch den Wald auf der Insel Madagaskar. An steilen Hängen erstreckt sich ein grünlich schimmerndes Ensemble aus Baumriesen, Moospolstern und Flechtenbärten, aus morschen Ästen, Palmwedeln und filigranen Blättern. Rinnsale sickern über den Weg, die rote Erde ist glitschig unter den Füßen. Es ist still im Wald, außer einem Tausendfüßler und einem Frosch lässt sich kein Tier blicken.

Späte Begegnung

Plötzlich aber niest es in den Baumkronen. Die Wanderer bleiben abrupt stehen und verrenken die Hälse. Hoch über ihren Köpfen turnen schwarz-weiße Gestalten durchs Geäst:

Verstreute Verwandtschaft

Neben den Lemuren auf Madagaskar gibt es auch in Afrika und Südostasien noch einzelne Vertreter der Feuchtnasenaffen. Zur Familie der Loris gehören eher schlanke Tiere mit wolligem Fell, die sich nachts gemächlich durch die Baumkronen bewegen. Viel flinker sind dagegen die Vertreter der ebenfalls nachtaktiven Galagos, die an Katzen mit sehr langem, buschigem Schwanz erinnern.

Sifakas, die ihren Namen dem auffälligen Nieslaut verdanken, äugen misstrauisch aus dem Blattwerk. Der Wald wird Schauplatz eines Treffens zwischen entfernten Verwandten: Oben in den Bäumen die Vertreter der Lemuren, einer urtümlichen Primatenfamilie. Und am Boden als Repräsentanten der höheren Affen die mit Rucksäcken, Wanderschuhen und Kameras ausgerüsteten Menschen. Dazwischen Jahrmillionen der Evolution. Und die Geschichte einer Niederlage. Lemuren gehören zu den sogenannten Halbaffen, die Wissenschaftler als Feuchtnasenaffen bezeichnen. Diese urtümlichen Tiere bekamen im Lauf der Evolution mächtige Konkurrenz. Fast alle ihre Lebensräume mussten sie an höher entwickelte Primatenarten abtreten. Madagaskar aber wurde zu einer Art Arche Noah für die Lemuren.

Ein Refugium in Gefahr

Denn noch bevor die durchsetzungsstarken Verwandten auf den Plan traten, brach die Insel vor etwa 160 Mio. Jahren vom afrikanischen Kontinent ab. Ungestört konnte sich dort in den folgenden Jahrmillionen eine eigene Lemurengesellschaft entwickeln. Heute streifen mehr als 30 Arten dieser Tiere durch die madagassischen Wälder: Winzige Maus-

makis mit großen, runden Augen, katzengroße Kattas mit geringelten Schwänzen. Und die bizarren Fingertiere, die mit ihrem langen Mittelfinger Insektenlarven aus den Baumstämmen stochern. Die meisten Lemuren sind schlanke Tiere mit langen Schwänzen, die ihnen beim Springen und Balancieren helfen. Sie sind hervorragend an das Waldleben angepasst, manche Arten kommen fast nie auf den Boden.

Genau das aber wird ihnen nun zum Verhängnis. Denn auf Madagaskar werden nach Schätzungen der Naturschutzorganisation WWF jährlich 120 000 Hektar Wald gerodet – eine Fläche etwa halb so groß wie das Saarland. Ursprünglich sollen Baumriesen, Lianen und Unterholz die viertgrößte Insel der Welt zu 90 Prozent bedeckt haben. Von diesen riesigen Waldgebieten sind heute nur noch etwa zehn Prozent übrig. Der Rest ist Feldern gewichen oder als Brennholz in Rauch aufgegangen. Die fortschrittlicheren Primaten haben die Insel also doch noch erobert. Und ihre urtümlichen Verwandten drohen endgültig den Kürzeren zu ziehen.

Die ein wenig an Katzen erinnernden Kattas sind eine der Lemurenarten, die die Wälder Madagaskars bevölkern.

Neue Arten in neuen Lebensräumen
Buntbarsche als Beispiel sympatrischer Artbildung

Abgeschiedene Inseln und andere isolierte Lebensräume sind perfekte Orte für die Entstehung neuer Arten. Schon Charles Darwin hat allerdings geahnt, dass sich Stammbäume manchmal auch ohne geografische Barrieren in mehrere Äste aufspalten. Seither haben Generationen von Biologen nach Beispielen für eine solche „sympatrische Artbildung" gesucht – allerdings mit mäßigem Erfolg.

Evolutionsmodell Buntbarsch
In den letzten Jahren aber haben Buntbarsche die Wissenschaft ein Stück weiter gebracht. Diese Fische, von denen es weltweit mehr als 1600 Arten gibt, sind zu wichtigen Modelltieren für Evolutionsforscher geworden. Einige Wissenschaftler haben sich mit der Fischwelt im Kratersee Apoyo in Nicaragua beschäftigt. Dort kommen zwei verschiedene Buntbarscharten vor: Während der Zitronenbuntbarsch auch in anderen Gewässern verbreitet ist, lebt der verwandte Pfeilbuntbarsch nur im Apoyosee. Die Forscher haben die Genetik, das Aussehen und die Verhaltensweisen dieser beiden Arten untersucht und mit Tieren aus benachbarten Seen verglichen. Die Geschichte der beiden Fischarten lässt sich an ihrem Erbgut ablesen. Beide stammen aus der gleichen Entwicklungslinie. Der Zitronen-

buntbarsch hat es irgendwann geschafft, den Apoyosee zu besiedeln – obwohl der Krater keinerlei Zufluss hat. Möglicherweise haben Wasservögel ein paar Tiere aus dem benachbarten riesigen Nicaraguasee dorthin verschleppt. Jedenfalls kam der Zitronenbuntbarsch in seiner neuen Heimat offenbar bestens zurecht – so gut, dass sich mit der Zeit eine zweite Art aus ihm entwickelte. Den genetischen Analysen zufolge ist es nicht einmal 10 000 Jahre her, dass sich der Pfeilbuntbarsch von seinem Verwandten abgespalten hat.

Oben oder unten
Wie aber können sich Tiere, die so eng in einem kleinen See zusammen leben, so stark auseinanderentwickeln? Des Rätsels Lösung

---

Keine Chance für Fremde

Nicht nur die Figur, auch das Liebesleben von Zitronen- und Pfeilbuntbarsch verrät, dass es sich bei ihnen mittlerweile um zwei verschiedene Arten handelt. Die Weibchen suchen sich immer nur Männchen ihrer eigenen Art als Partner aus. Da kann ein fremder Bewerber noch so sehr die Flossen spreizen und mit farbigen Mustern locken, er wird verschmäht.

---

liegt offenbar darin, dass der Apoyosee mit 200 m ungewöhnlich tief ist. Als der Zitronenbuntbarsch dort ankam, war er an das flache Wasser des Nicaraguasees gewöhnt. Dort schwamm er am Boden umher, wo er Algen und verschiedene Beutetiere fraß. Der Apoyosee aber bietet nicht nur Boden und Flachwasser als Lebensraum an, sondern zusätzlich auch noch das tiefe Wasser. Einige der Neuankömmlinge müssen wohl irgendwann diesen bis dahin ungenutzten Bereich mit seinen brach liegenden Nahrungsquellen für sich entdeckt haben.

Diese Tiere paarten sich schließlich auch dort, wo sie fraßen. Und schon entwickelten sich Boden- und Offenwasserfische auseinander. Die unterschiedliche Lebensweise begann sich in ihrem Körperbau niederzuschlagen. Der Zitronenbuntbarsch hat einen eher hohen Körper mit langen Brustflossen, mit dem er am Boden gut manövrieren kann. Der Pfeilbuntbarsch dagegen entwickelte eine lange, stromlinienförmigere Gestalt, die ihm im freien Wasser ein besonders energiesparendes Schwimmen ermöglicht.

Buntbarsche gehören zu den Tieren, bei deren vielfältiger Artbildung geografische Barrieren nachweislich keine Rolle spielten.

Orcas pflegen verschiedene Lebensstile

Artgenossen oder nicht?

Meere gelten als Sinnbild für Lebensräume ohne geografische Grenzen. Die auch Schwert- oder „Killerwale" genannten Orcas schwimmen z. B. über Tausende von Kilometern zwischen verschiedenen Regionen hin und her und begegnen dabei zwangsläufig immer wieder Artgenossen aus anderen Meeresgebieten. Und dennoch haben sich die großen schwarz-weißen Wale in Teilbestände mit sehr unterschiedlichen Eigenschaften aufgespalten.

Die Geschmäcker sind verschieden

Zwischen den spitzen Zähnen der Unterwasserjäger landen Fische, verschiedene Delfinarten und andere Meeressäuger. Da Orcas wie Wölfe im Rudel jagen, wagen sie sich sogar an große Beute wie Buckel- oder Glattwale heran. Allerdings unterscheiden sich die Nahrungsvorlieben verschiedener Orca-Gruppen ähnlich stark wie die von menschlichen Völkern. So gehören ausgerechnet die wehrhaften Haie und Stachelrochen für Neuseelands Killerwale zu den beliebtesten Delikatessen. Dagegen können Artgenossen in anderen Teilen der Welt einer solchen Beute kaum etwas abgewinnen.

Junge Schwertwale lernen von der Mutter oder anderen Mitgliedern ihrer Gruppe, welche Tiere fressbar sind und wie man sie am besten erlegt. Wie schlecht sie sich später umstellen können, zeigt die Leidensgeschichte zweier Schwertwale, die für eine Orca-Show gefangen wurden. Die beiden Tiere gehörten zu einer Gruppe, die sich auf Robben und Wale als Beute spezialisiert hatte.

Um sie an die Gefangenschaft zu gewöhnen, wurden sie erst einige Zeit in großen Netzen an der Küste gehalten und mit Fischen gefüttert. Die beiden Robbenspezialisten aber verschmähten diese Kost und hungerten zwei Monate lang. Dann aber wurde ein weiterer Orca aus einer Gruppe gefangen, die normalerweise Fische jagte. Erst als dieser mit gutem Beispiel voranging, begannen auch die Fischverweigerer die ungewohnte Nahrung zu fressen und beendeten ihren Hungerstreik.

Babylon im Ozean

Verschiedene Orca-Gruppen haben aber nicht nur ihre eigene Fresskultur, sondern auch ihren eigenen Dialekt. Alle Schwertwale verständigen sich mithilfe eines ausgefeilten Systems verschiedener Laute. Wissenschaftler sind noch weit davon entfernt, diese Äußerungen zu verstehen. Dass es aber regionale „Sprachunterschiede" gibt, hören selbst menschliche Ohren. Für die neuseeländische Orca-Forscherin Ingrid Visser sind die Dialekte von neuseeländischen und kanadischen Orcas daher „so verschieden wie Deutsch und Japanisch".

Auch an Äußerlichkeiten lassen sich Killerwale aus verschiedenen Regionen unterscheiden. Tiere aus der Antarktis, die ab und zu auch vor Neuseelands Küsten auftauchen, sind eher grau als schwarz und haben besonders große Augenflecken. Manche Forscher halten sie wegen solcher Besonderheiten sogar für eine eigene Art. Andere bestreiten, dass es für eine solche Einschätzung genügend genetische Unterschiede gibt. Derzeit ist mit *Orcinus orca* nur eine einzige Art anerkannt. Doch die Diskussion darüber ist noch nicht abgeschlossen.

> *Gefahrenanalyse*
>
> *Die Frage, ob es eine oder mehrere Arten von Schwertwalen gibt, ist mehr als eine Formalie. Es geht dabei auch um den Artenschutz. Bisher nämlich gelten Orcas als nicht akut gefährdet. Doch diese Einschätzung könnte sich ändern, wenn sich manche ihrer regionalen Populationen als eigene Arten erwiesen. Dann hätte man es plötzlich mit Arten zu tun, von denen es nur noch wenige Hundert Individuen gibt.*

Zwei Orcas vor der kanadischen Küste. Die Orca-Gruppen haben regional sehr unterschiedliche Ernährungsgewohnheiten – muss man sie deshalb in verschiedene Arten gruppieren?

Kreationismus und Intelligent Design

Schöpfungsakt oder Evolution?

Obwohl alle wissenschaftlichen Indizien für eine Entwicklung der Arten sprechen, ruft die Evolutionstheorie in den fundamentalistisch-religiösen Kreisen noch immer Unbehagen und Ablehnung hervor. Die meisten christlichen Theologen haben zwar keine Schwierigkeiten damit, ihren Glauben und die Evolution unter einen Hut zu bringen. Doch die sogenannten Kreationisten nehmen die Aussagen der Bibel wörtlich. Aus der Schöpfungsgeschichte lesen sie heraus, dass die Erde gerade einmal 6000 Jahre alt sei und dass Tiere und Pflanzen gleich in ihrer heutigen Form von Gott geschaffen worden seien.

Designer am Werk?

Ein moderner Ableger dieses Weltbilds nennt sich „Intelligent Design". Die Verfechter dieser Position haben es sich auf die Fahnen geschrieben, Schwachpunkte und Fehler der gängigen Evolutionslehre aufzuzeigen und so das ganze Konzept zum Einsturz zu bringen. Gern wird dabei auf sehr komplexe Erscheinungen in der Natur verwiesen. Das menschliche Auge, das Immunsystem oder der Fortbewegungsapparat eines Geißeltierchens könne unmöglich schrittweise durch zufällige Mutationen und anschließende Selektion entstanden sein. Denn diese sehr komplizierten Gebilde seien nur funktionsfähig, wenn alle ihre Bauteile auf genau abgestimmte Weise zusammenwirken. Solange dieses raffinierte Ensemble nicht völlig ausgereift sei, bringe es seinem Besitzer keinen Nutzen – und damit auch keinen Selektionsvorteil. Also könne es nicht durch Evolutionsprozesse entstanden sein. Vielmehr stecke hinter solchen Erfindungen der Plan einer höheren Intelligenz.

Wissenschaftlicher Anspruch

Gott wird in dieser Theorie nicht ausdrücklich genannt, es ist immer von einem „intelligenten Designer" die Rede. Doch es ist kein Zufall, dass dieses Konzept vor allem unter christlichen Fundamentalisten viele Anhänger hat. Die aus den USA stammenden Vordenker der Bewegung legen allerdings großen Wert auf die Feststellung, dass Intelligent Design keine Religion, sondern eine wissenschaftliche Theorie sei. Doch die meisten Forscher, die sich mit der Entwicklungsgeschichte des Lebens beschäftigen, betrachten diesen Anspruch mit Kopfschütteln. Es sei keine Wissenschaft, wenn man das Ergebnis seiner Untersuchungen schon von Vornherein festlege. Zudem bezweifeln die Kritiker auch, dass es tatsächlich komplexe Systeme gibt, die sich nicht auf natürlichem Weg über einzelne Zwischenstufen entwickeln können. Für das Auge sind z. B. etliche dieser Teilschritte bekannt.

Trotz der so gut wie einhelligen Ablehnung durch seriöse Wissenschaftler findet Intelligent Design vor allem in den USA immer mehr Anhänger. Diese versuchen beispielsweise, ihre Vorstellungen in den Lehrplänen der Schulen verankern zu lassen. Solche Überlegungen gibt es mittlerweile auch in Deutschland sowie anderen europäischen Ländern.

Das Fliegende Spaghettimonster

Etliche Wissenschaftler versuchen, den „Intelligent-Design"-Sympathisanten sogar mit satirischen Mitteln zu begegnen. So gründete der US-Physiker Bobby Henderson 2005 eine inzwischen äußerst erfolgreiche Spaßreligion, nach der die Erde von einem Fliegenden Spaghettimonster erschaffen wurde. Wenn im Biologieunterricht Intelligent Design gelehrt werde, schrieb er an die Schulbehörde von Kansas, müsse dieser Glaube aus Gründen der Gleichberechtigung ebenfalls in die Lehrpläne aufgenommen werden.

„Und Gott schuf den Menschen" – so steht es in der Bibel. Und so stellte sich der Künstler Hans Thoma in seinem Gemälde „Im Paradies" 1896 einen der ersten Tage der Menschheit vor. Die Kreationisten, die den Menschen in einem Schöpfungsakt entstanden sehen, folgen noch heute diesem Konzept.

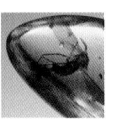

Spurensuche zur Entwicklung der Arten

In Bernstein eingeschlossene Tiere erlauben Einblicke in längst vergangene Welten

Wer nach Indizien für das Wirken der Evolution sucht, kann z. B. in einen Bernstein schauen. Aus seinem goldglänzenden Inneren starren einem mitunter Tiere entgegen, die vor Millionen von Jahren gelebt haben. Beispielsweise erzählen die Bernsteine, die man im Baltikum findet, die Geschichte eines längst verschwundenen Waldes, der vor etwa 50 Mio. Jahren wahrscheinlich große Teile Nordeuropas bedeckte.

Goldene Gräber

Wie ihre heutigen Verwandten produzierten auch die damaligen Nadelbäume Harz, mit dem sie ihre Wunden verschlossen. Und wenn diese klebrige Substanz aus den Stämmen rann, gerieten immer wieder kleine Tiere hinein. Das Harz erstarrte dann relativ schnell. In wenigen Jahrzehnten entwichen seine flüchtigen Bestandteile, Kohlenwasserstoff-Moleküle verbanden sich zu langen Ketten. „Kopal" nennen Fachleute die so entstehende feste Substanz, die über Bäche und Flüsse vom Wald ins Meer gespült wurde. Dort lag sie dann für mindestens 1 Mio. Jahre luftdicht unter Sedimenten begraben. In dieser Zeit entwichen die letzten flüchtigen Harzbestandteile und die Kohlenwasserstoff-Fäden verknoteten sich. So entstand der leichte und

doch so widerstandsfähige Bernstein, der heute professionell abgebaut, aber auch von Urlaubern am Strand gesammelt wird.

In manchen der goldgelben Brocken schimmern gewundene Schneckenhäuser, Fliegen und Mücken zeigen ihre filigranen Flügel oder zappeln im Todeskampf. Bizarre Ameisengesichter erinnern an Science-Fiction–Filme, Käfer glänzen wie mit Gold überzogen. Ganze Jagdszenen haben im Schutz des Harzes die Jahrmillionen überdauert. So scheinen räuberische Ameisen in ihrem goldgelben Gefängnis noch immer am Körper toter Insekten zu nagen. In einem nur 3 cm großen Bernsteinklümpchen fand sich sogar der gut erhaltene Vorderkörper eines Geckos, dessen Schuppenkleid wirkt wie aus Gold gehämmert.

> ### Keine Dinos aus dem Bernstein
>
> *Im Film „Jurassic Park" finden Wissenschaftler im Magen einer Bernsteinmücke Dinosaurierblut, gewinnen daraus das Erbmaterial DNA und erwecken die Riesenechsen damit wieder zum Leben. Das aber ist pure Science-Fiction. Bisher zumindest sind sämtliche Versuche gescheitert, aus den im Harz eingeschlossenen Tierchen DNA zu gewinnen.*

Fenster in die Vergangenheit

Zwar enthält an der Ostsee nur etwa jeder tausendste Bernstein ein Tier oder einen Pflanzenrest. Doch jedes dieser Harz-Opfer öffnet ein Fenster in die Vergangenheit. Denn die meisten von ihnen haben Verwandte, die heute noch leben. Aus deren Ansprüchen ziehen Zoologen Rückschlüsse auf die Lebensverhältnisse im Bernsteinwald. Die im uralten Harz gefundenen Köcherfliegen-Larven beispielsweise benötigen schnell fließende Gewässer, die es nur in relativ steilem Gelände gibt. Also muss der Bernsteinwald in einer bergigen Region gestanden haben.

Die in den goldenen Gräbern konservierten Pflanzenreste verraten, dass dieser Wald aus Palmen und Teestrauchgewächsen bestand, die zwischen Kiefern, Eichen und Buchen wuchsen. Eine solche Mischung findet man heute nirgends mehr. Denn vor 50 Mio. Jahren herrschte weltweit ein sehr mildes Klima, sodass wärmeliebende Arten bis in hohe Breiten vorkamen. Doch als die Temperaturen frostiger wurden, wichen manche Bernsteinwaldbewohner in die Tropen und Subtropen aus, andere blieben in Nord- und Osteuropa und passten sich an die neuen Bedingungen an. Im gleichen Lebensraum kommen diese beiden Gruppen heute nicht mehr zurecht.

35 Mio. Jahre alt ist dieser Zweiflügler, der in Bernstein konserviert wurde. Solche Funde erlauben
Rückschlüsse auf Fauna und Flora in der Urzeit.

Steinerne Geschichtsbücher: Fossilien

Die Paläontologie hat das Auftreten und Aussterben vieler Arten festgestellt

Die wohl wichtigsten Belege für die Evolutionstheorie sind die vielen Überreste von Lebewesen, die Wissenschaftler aus den verschiedensten Epochen der Erdgeschichte gefunden haben. „Fossilien" nennen Fachleute all diejenigen Zeugen der Vergangenheit, die älter als 10 000 Jahre sind. Mit ihrer Hilfe kann man das Aussehen und manche Verhaltensweisen längst ausgestorbener Arten rekonstruieren. Wenn man diese Tiere und Pflanzen dann mit ihren heute lebenden Verwandten vergleicht, lassen sich die Entwicklungslinien der Evolution nachzeichnen. Und auch über die Lebensräume und das Klima vergangener Zeiten können Fossilien Aufschluss geben.

Die Palette der uralten Zeitzeugen reicht von den in Bernstein eingeschlossenen Insekten über im Eis eingefrorene Mammuts bis zu den berühmten Moorleichen. Die wohl bekanntesten Fossilien aber sind Versteinerungen.

Die Spuren der Vergangenheit

Diese entstehen, wenn Tiere und Pflanzen nach ihrem Tod in Schlamm oder Sand eingebettet werden und sich dieses Sediment dann in langen Zeiträumen zu Gestein verfestigt. Von manchen Lebewesen bleiben dann nur Abdrücke übrig. Bei anderen werden Hohlräume ähnlich mit Sediment gefüllt wie eine Kuchenform mit Teig. Dann findet man später z. B. den steinernen Ausguss eines längst verschwundenen Schneckenhauses. Manchmal aber werden auch Teile der Lebewesen selbst durch Mineralisierungsprozesse in Stein verwandelt. So gibt es beispielsweise in Neuseeland ganze urzeitliche Wälder, deren Baumstämme in versteinerter Form die Jahrmillionen überdauert haben. Von Tieren bleiben oft vor allem harte Teile wie Schädel, Knochen oder Zähne erhalten, manchmal findet man auch fast vollständige Skelette.

Fossile Weichteile dagegen sind selten, weil sich diese meist zu schnell zersetzen. Entsprechend begeistert sind Wissenschaftler z. B. von den steinernen Schätzen der Grube Messel bei Darmstadt. Dort fanden sich die Überreste von Tieren und Pflanzen aus dem Zeitalter des Eozän, das vor knapp 34 Mio. Jahren zu Ende ging. Vor allem bei den Säugetieren sind die Weichteile ungewöhnlich gut erhalten. Bei den berühmten Urpferden der Gattung *Propalaeotherium* ist zum Teil sogar noch der Mageninhalt zu erkennen. Aus solchen Funden konnten die Forscher rekonstruieren, dass sich die Tiere von Blättern und Früchten ernährten.

Saurier mit Verdauungsbeschwerden

Doch selbst über den Speiseplan noch älterer Lebewesen können Fossilien Aufschluss geben. Britische Wissenschaftler haben in einer Tongrube im englischen Peterborough das versteinerte Erbrochene eines Fischsauriers entdeckt. Vor rund 160 Mio. Jahren hat das delfinähnliche Meeresreptil offenbar seinen Mageninhalt wieder hervorgewürgt. Die Reste der jurazeitlichen Verdauungsbeschwerden verraten Details über die Ernährung der ausgestorbenen Reptilien. In den warmen Meeren rund um die Britischen Inseln verschlangen diese Meeresechsen damals massenweise Belemniten. Solche Weichtiere, die den heutigen Tintenfischen ähnelten, enthielten allerdings unverdauliche Innenskelette aus Kalk. Genau diese „Donnerkeile" finden die Wissenschaftler im versteinerten Erbrochenen.

Lebende Fossilien

Manche Arten haben nicht nur als konservierte Überreste, sondern auch in lebendiger Form die Erdzeitalter überdauert. Zu diesen „lebenden Fossilien", deren Bauplan oft seit Jahrmillionen weitgehend unverändert geblieben ist, gehören beispielsweise der Gingkobaum und ein urtümlicher Fisch namens Quastenflosser.

Mit einer guten Portion Glück kann ein Spaziergänger in manchen Gegenden am Wegesrand solche Versteinerungen finden. Diese Fossilien sind ein beliebtes Sammelobjekt – und sie erzählen uns Details aus der Erdgeschichte.

Der erste Schritt

Wie entstand das Leben – und wo stand seine Wiege?

Die bisher ältesten Spuren des Lebens haben Wissenschaftler in Australien entdeckt. Dort gibt es 3,5 Mrd. Jahre alte Gesteinsformationen namens Stromatolithen. Viele Forscher halten diese Strukturen für ein Werk von Bakterienkolonien, die den heutigen Blaualgen ähnelten. Wie diese Organismen aber entstanden sind und wer ihre Vorfahren waren, weiß niemand. Klar ist jedoch, dass die Bedingungen auf der jungen Erde zunächst zu unwirtlich für Lebewesen waren. Nach seiner Geburt vor ungefähr 4,6 Mrd. Jahren war der Planet zunächst ein heißes, von Trümmern aus dem All bombardiertes Inferno. Spätestens 1 Mrd. Jahre später aber waren die Baumeister der australischen Stromatolithen auf der Bühne der Evolution erschienen. Was war in der Zwischenzeit geschehen?

Die Ursuppe

Mit einem legendär gewordenen Experiment glaubte der US-amerikanische Chemiker Stanley Lloyd Miller 1953 eine Antwort auf diese Frage gefunden zu haben. In einer gläsernen Apparatur mischte er Methan, Ammoniak sowie Wasserstoff zusammen und simulierte so die Zusammensetzung der Uratmosphäre. Diese künstliche Miniaturerde vervollständigte er dann mit Wasser, das er erhitzte. Dieser Teil des Systems sollte den Urozean und das daraus verdunstende Wasser darstellen. Und schließlich schickte er elektrische Entladungen als urzeitliche Blitze durch die Apparatur.

Das Ergebnis des Versuchs machte Furore. Denn aus den einfachen chemischen Zutaten entstanden in wenigen Tagen komplexe, kohlenstoffhaltige Moleküle wie sie in Lebewesen vorkommen. Der Forscher fand in seinen Glasbehältern u. a. Aminosäuren. Das sind die Grundbausteine der Proteine, die sämtliche Lebensfunktionen von Organismen am Laufen halten. Damit schien das Rätsel gelöst: Das Leben war aus Molekülen entstanden, die in der „Ursuppe" der Ozeane schwammen.

> ### Leben aus dem All?
> *Einige Forscher halten es auch für möglich, dass die Grundbausteine des Lebens mit Meteoriten aus dem All auf die Erde gekommen sein könnten. Das ist zwar bisher nur Spekulation, doch immerhin haben Wissenschaftler in einem Meteoriten namens Murchison, der 1969 in Australien niederging, neben verschiedenen anderen organischen Verbindungen auch Aminosäuren gefunden.*

Die Wiege in der Tiefsee

Bald aber meldeten Kritiker Zweifel an dieser These an. Sie wiesen darauf hin, dass die Konzentration von Wasserstoff, Methan und Ammoniak in der Uratmosphäre viel geringer gewesen sei als in Millers Experiment. Zudem hätten durch zufällige Blitzschläge nur relativ wenige Aminosäuren entstehen können, die sich im Urozean weit verteilt hätten. Wie hätten da genügend Moleküle zusammentreffen sollen, um Proteine zu bilden? Manche Forscher argumentieren, dass sich die Bausteine in flachen Lagunen, wo sich die Ursuppe durch Verdunstung aufkonzentriert habe, angereichert haben könnten. Andere glauben nicht an die Ursuppentheorie. Sie vermuten, dass die Wiege des Lebens in der Nähe von heißen Tiefseequellen gestanden habe. Dort hätten sich einfache Verbindungen zunächst an Mineralien angelagert und dann zu komplexeren Molekülen verbunden. Die für solche Reaktionen nötige Energie hätten die Quellen jedenfalls zuverlässiger zur Verfügung stellen können als die sporadischen Blitzeinschläge, von denen die Ursuppentheorie ausgeht.

Stromatolithen nennt man solche bis zu 3,5 Mrd. Jahre alte Gesteinsstrukturen, deren Entstehung Bakterienkolonien zugeschrieben wird.

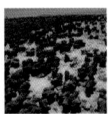

Energie von der Sonne
Wie die ersten Pflanzen entstanden

Mögen die Spuren des Ursprungs des Lebens sich auch im Dunkeln der Entwicklung der Erde verlieren, ein Fixpunkt ist sicher nachgewiesen: Vor 3,43 Mrd. Jahren lebten bereits Mikroorganismen auf der Erde, die ihren heutigen Verwandten sehr ähnelten.

Kalkfelsen beweisen frühes Leben

Allerdings überdauern solche Lebewesen die Jahrmilliarden kaum. Sie hinterlassen jedoch Spuren in Form kleiner Kalkfelsen, die Geowissenschaftler Stromatolithen nennen. Diese entstehen durch den Stoffwechsel von Cyanobakterien genannten urtümlichen Einzellern und haben eine typische Form. Solche Cyanobakterien gibt es noch heute, vor Australien lassen sie genau wie vor 3,43 Mrd. Jahren Stromatolithen wachsen. Wie aber soll man beweisen, dass diese Stromatolithen tatsächlich das Werk von Mikroorganismen sind? Könnten doch auch heiße Unterwasserquellen und Vulkane ähnliche Kalkfelsen entstehen lassen. Als Forscher aber ein 10 km langes Riff aus diesen uralten Ablagerungen untersuchten, entdeckten sie sieben verschiedene Formen von Stromatolithen, die vermutlich an jeweils andere Bedingungen wie Wassertemperatur oder Strömung angepasst waren. Eine solche Vielfalt können nur Mikroorganismen, kaum aber Unterwasserquellen schaffen.

Erste Symbiose

Diese 3,43 Mrd. Jahre alten Cyanobakterien wandelten wie moderne Algen, Moose, Flechten und höhere Pflanzen bereits Sonnenlicht, Kohlendioxid und Wasser in Biomoleküle um. Botaniker und Evolutionsbiologen sind sogar fest davon überzeugt, dass urtümliche Cyanobakterien die Vorfahren eines Teils aller heutigen Pflanzen sind.

Moderne Gewächse fangen nämlich Sonnenlicht mit winzigen Organen ein, die Biologen „Chloroplasten" nennen. Diese Chloroplasten ähneln Cyanobakterien verblüffend: Beide haben keinen Zellkern mit dem Erbgut und die gesamte Anatomie ist sehr ähnlich. In der Frühgeschichte der Erde aber gab es wohl auch Einzeller, die wie heutige Räuber lebten und Cyanobakterien fraßen. Einer dieser Räuber hat eines Tages ein Cyanobakterium zwar gefressen, aber nicht verdaut. Diesen Vorgang beobachten Biologen noch heute, wenn bestimmte Amöben genannte Einzeller ein Cyanobakterium aufnehmen, dieses dann aber im Innern der Amöbe einfach weiterlebt.

So ähnlich ist wohl auch in der Urzeit die erste Pflanzenzelle entstanden. Beide Partner profitieren voneinander, weil die Pflanzenzelle das Cyanobakterium schützt und dieses seinem Wirt im Gegenzug Biomoleküle liefert. „Endosymbiose" nennen Biologen diese Lebensform zweier ineinander verschachtelter Organismen.

Beide Partner verließen sich immer stärker aufeinander und entwickelten sich so zu Pflanzenzellen, in denen die Bestandteile völlig aufeinander angewiesen sind.

Effektive Bakterien

Anders als Pflanzen und Algen fangen Cyanobakterien Sonnenlicht nicht nur mit dem Riesenmolekül Chlorophyll ein. Die Mikroorganismen besitzen noch einen zweiten Lichtfänger, den Biologen „Phycobilin" nennen. Der ist sogar noch effektiver als Chlorophyll. Mit seiner Hilfe können Cyanobakterien daher auch an Stellen wachsen, an denen für alle anderen Organismen zu wenig Licht einfällt. Und so finden die Cyanobakterien sich auch in tiefen Schichten von Seen, in denen sonst keine Pflanzen leben. Oder sie wachsen auf der Unterseite von Kieselsteinen im Fluss, auf die sich nie ein direkter Lichtstrahl verirrt.

Noch heute wachsen vor der Küste Australiens Stromatolithen, die durch den Stoffwechsel der urtümlichen Cyanobakterien entstehen.

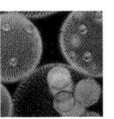

Vom Einzeller zum Mehrzeller

Zellen entdecken die Arbeitsteilung

Jahrmillionenlang beschränkte sich das Leben auf der Erde auf einfache Einzeller. Irgendwann aber müssen sich mehrere solcher Individualisten zu einem Verband zusammengeschlossen und ein gemeinsames Leben begonnen haben. Wann die Evolution diesen wichtigen Schritt getan hat, weiß niemand so genau. Einige Molekularbiologen vermuten, dass die ersten Mehrzeller schon vor etwa 1 Mrd. Jahren entstanden sind. Gut erhaltene Fossilien solcher Lebewesen aber gibt es erst aus dem Zeitalter des Kambrium, das vor 540 Mio. Jahren begann. Die tatsächliche Geburtsstunde der Mehrzeller liegt irgendwo dazwischen.

Die Vorteile des Zusammenlebens

Warum aber sollten sich einzelne Zellen überhaupt zu einem Verband zusammenschließen? Vielleicht ging es dabei darum, einen größeren Körper zu entwickeln. Einzeller müssen klein bleiben. Denn je größer das Volumen einer Zelle ist, desto mehr Nährstoffe braucht sie. Diese muss sie über die Oberfläche aufnehmen. Doch die nimmt beim Wachsen bei Weitem nicht so schnell zu wie das Volumen. Daher reicht die Versorgung auf diesem Weg ab einer bestimmten Größe nicht mehr aus – die Zelle kann nicht weiter wachsen. Tun sich allerdings mehrere Zellen zusammen, können sie gemeinsam einen größeren Körper aufbauen. Allein dadurch können sie in manchen Situationen die Oberhand gegenüber den kleineren Einzellern gewinnen – beispielsweise, indem sie diese einfach auffressen.

Doch das Zusammenleben hat noch mehr Vorteile. Im Verband muss nicht jede Zelle alle Funktionen erfüllen, die zum Überleben nötig sind. Vielmehr können die Mitglieder der Gemeinschaft die Aufgaben untereinander aufteilen. Einige übernehmen beispielsweise die Nahrungsaufnahme, andere die Verdauung und wieder andere die Fortpflanzung. Durch diese Arbeitsteilung können sich die verschiedenen Zellen spezialisieren und so effektiver arbeiten.

Not macht gesellig

Dass manche Einzeller diesen Vorteil noch heute nutzen, zeigen Beobachtungen an Schleimpilzen. Diese bilden einen Fruchtkörper, der bei warmem, feuchtem Wetter keimt. Dabei entstehen große Einzeller, die umherkriechen und sich von Bakterien ernähren. Wenn diese Nahrung knapp wird, zeigen diese Einzelgänger plötzlich Gemeinschaftssinn. Sie senden chemische Botschaften aus, mit denen sie zum Sammeln rufen. Tausende von Einzellern fließen dann sternförmig zusammen und übernehmen verschiedene Aufgaben. Manche bilden Stängel und Fruchtkörper, andere entwickeln sich zu speziellen Fortpflanzungszellen. Aus einer Schar von Individualisten ist also ein Team geworden.

Manche Wissenschaftler vermuten, dass Verwandte der heutigen Schleimpilze vor etwa 700 Mio. Jahren den Schritt vom Einzeller zum Mehrzeller dauerhaft geschafft haben. Sie waren aber vermutlich nicht die einzigen. Die Kooperation der Zellen wurde in den frühen Tagen der Evolution wohl mehrfach unabhängig voneinander erfunden.

> ### Die Algenkooperative
>
> *Ein bekanntes Beispiel für zelluläre Arbeitsteilung im Pflanzenreich sind die Grünalgen der Gattung Volvox. Diese kugelförmigen Süßwasserbewohner besitzen Körperzellen, die unter anderem für die Fortbewegung und die Energiegewinnung zuständig sind und Geschlechtszellen, die der Vermehrung dienen. Als echte Mehrzeller gelten diese Kolonien allerdings nicht. Dazu müssten sie noch mehr verschiedene Zelltypen haben.*

Zellen der Alge Volvox aureus *unter dem Mikroskop.*
Mit ihren wenigen Zelltypen stehen sie beispielhaft
für eine evolutionäre Etappe zwischen Ein- und
Mehrzeller.

Schneeball Erde

Eine gigantische Vereisung löscht das Leben beinahe aus

Kaum hatte das Leben sich auf der Erde eingerichtet, hätte eine gigantische Katastrophe es beinahe wieder vernichtet. Vor 600–700 Mio. Jahren durchlief die Erde eine gigantische Klimaschaukel: von der Sauna zum Eisball und zurück. In dieser Zeit hinterließen in Teilen Australiens, die sich damals in den Tropen befanden, Gletscher ihre Spuren. Genau über diesen Schichten liegen oft mehrere Hundert Meter dicke Karbonatablagerungen, die auf eine drastische Erwärmung des Klimas nach einer kalten Periode hinweisen. Die gleichen Vorgänge wie in einem Teekessel spielten sich damals in globalem Maßstab ab: Kaltes Wasser kann viel Kohlensäure lösen, die beim Erwärmen ausgeschieden wird und als Kalk Teekesseln die bekannte weißlich-braune Kruste beschert.

Schwache Sonne

Ursache für diese Entwicklung war wohl die Sonne, die vor 750 Mio. Jahren deutlich schwächer strahlte als heute. Obendrein gruppierten sich die Kontinente in dieser Zeit um den Äquator. Dadurch fehlten große Meere in den Tropen, die heute über Ozeanströmungen wie den Golfstrom große Wärmemengen in hohe Breiten transportieren und so die Vereisung in Schach halten. Kurz

vorher waren die ersten Pflanzen an Land gekommen und verringerten nun den Kohlendioxidgehalt in der Luft. Dadurch nahm der Treibhauseffekt kräftig ab, die Temperaturen sanken. Erste Eisfelder bildeten sich auf den Meeren um die Pole. Eis aber reflektiert Sonnenlicht stark, auf der Erde blieb weniger Wärme zurück. Daher kühlten die Temperaturen ein wenig weiter ab, das Eis konnte sich ausbreiten und noch mehr Sonnenlicht reflektieren. Eine positive Rückkopplung entstand, sie ließ die Eisdecke immer weiter wachsen. Als das Eis die Tropen erreichte, passierte alles sehr schnell: Das Eis schloss die letzten Lücken, die gesamte Erde erstarrte unter einem dicken Panzer aus Eis und Schnee, die Durchschnittstemperaturen auf dem Globus fielen auf –50 °C. Das Leben wurde weitgehend vernichtet, nur an wenigen offenen Stellen auf Felsgraten oder im Meer überstanden einige Pflanzen diese Eiszeit.

Klimaschaukel

Im Lauf der Zeit aber reicherten die Vulkane den Kohlendioxidgehalt der Luft kräftig an. Damals verdunstete kaum Wasser und daher fielen auch kaum Niederschläge, die das Kohlendioxid wieder aus der Luft hätten auswaschen können. Als die Konzentration von Koh-

lendioxid 350-mal höher als heute lag, entstand auch beim schwachen Licht der damaligen Sonne ein Treibhauseffekt, der an wenigen Stellen der Tropen das Eis schmelzen ließ. Dort aber wurde das Sonnenlicht besser absorbiert, die Temperaturen stiegen, weiteres Eis schmolz. Eine positive Rückkopplung setzte ein, innerhalb von nur 100 Jahren verschwand das Eis. Riesige Mengen Kohlendioxid heizten die Erde auf durchschnittliche Temperaturen von +50 °C auf – bis das Kohlendioxid durch Regenfälle wieder ausgewaschen wurde und die Pflanzen sich wieder ausbreiteten.

Mehrzeller profitieren

Als die Erde mehrmals zwischen den Zuständen eines globalen Schneeballs und einer globalen Sauna hin und her taumelte, hielten das die wenigsten Einzeller aus, die damals in riesiger Vielfalt die Weltmeere bevölkerten. Viele von ihnen verschwanden auf Nimmerwiedersehen, der globale Schneeball machte aus der Einzellervielfalt eine Einfalt. Unmittelbar nach der großen Vereisung schien der Weg dann frei: Vor 600 Mio. Jahren tauchten plötzlich die ersten Mehrzeller auf und dominieren seither das Leben auf dem Globus.

Vor 600 bis 700 Mio. Jahren durchlief die Erde eine
Eiszeit mit Durchschnittstemperaturen von -50 °C,
während der fast alles Leben ausgelöscht wurde.

Arche Noah in der Tiefsee
Heiße Quellen retten während der Eiszeit das Leben

Der Schneeball Erde bot für alle Lebewesen eine denkbar ungünstige Umgebung. Bis zu 1000 m dicke Eispanzer bedeckten nicht nur die Kontinente, sondern auch die Ozeane. Und doch sind viele Wissenschaftler davon überzeugt, dass nicht nur widerstandsfähige Bakterien, sondern auch höhere Organismen die Kältekrise überlebt haben.

Explosion im Kambrium?
Kurz danach tauchte im Kambrium vor etwa 540 Mio. Jahren scheinbar schlagartig eine Fülle von Tierarten auf. Eine Art Urknall der Evolution habe es damals gegeben, vermuteten Wissenschaftler in den 1970er-Jahren. Sie prägten dafür den Begriff „Kambrische Explosion" und nahmen an, dass damals durch Umweltänderungen erstmals auch höher entwickelte Organismen überleben konnten. Inzwischen aber bezweifeln viele Forscher, dass es diese Explosion der Arten gegeben hat.

Sie sind davon überzeugt, dass so viele verschiedene Tiergruppen nicht in ein paar 100 000 Jahren entstanden sein können. Molekularbiologische Untersuchungen bestätigen diese Einschätzung. Aus der Geschwindigkeit, mit der sich das Erbgut heutiger Lebewesen verändert, kann man berechnen, wie viele Jahre der Evolution die Arten schon hinter sich haben. Demnach müssen die ersten Tiere schon vor dem Kambrium, vor mindestens 750 Mio. Jahren entstanden sein. Möglicherweise hat ein Teil dieser höher entwickelten Lebewesen die Schneeballzeiten in geschützten Refugien überlebt. Wie diese Zufluchtsstätten ausgesehen haben könnten, schließen Forscher aus Fossilienfunden in China. Viele der ältesten Kambrium-Tiere stecken dort in schwarzem Schiefergestein. Geochemische Analysen zeigen, dass dieses Material aus den Schlämmen von Metall-Schwefel-Verbindungen entstanden ist, die

damals aus heißen Quellen am Meeresboden sprudelten. Die Umgebung solcher „Hydrothermalquellen" könnte nach Ansicht vieler Wissenschaftler eine ideale Zuflucht vor dem Eis gewesen sein.

Notgemeinschaft in der Tiefe
Die Verfechter dieser Theorie zeichnen ein Bild von autarken Lebensgemeinschaften in der lichtlosen Tiefsee. Demnach lebten dort Bakterien von Schwefelwasserstoff und anderen Verbindungen, die aus den Quellen emporstiegen. Die dichten Matten dieser Schwefelbakterien lieferten die Nahrung für die höheren Lebewesen. Zusammengedrängt auf kleine Inseln am Meeresboden überlebte so zumindest ein Teil der ursprünglichen Tierwelt.

Die Geretteten machten sich gegenseitig Konkurrenz, konnten aber ihr Refugium nicht verlassen. Also waren sie gezwungen, die unterschiedlichsten Überlebensstrategien zu entwickeln. Erst an der Schwelle zum Kambrium änderten sich die Lebensbedingungen so, dass die Tiere ihre Zuflucht in der Tiefsee aufgeben und die flachen Meeresbereiche erobern konnten.

Die Aufspaltung in viele verschiedene Arten begann und damit war die Grundlage für die Lebensvielfalt des Kambrium gelegt.

Schwarze Raucher

Wenn in der Tiefsee heiße Quellen sprudeln, kühlt ihr Wasser im kalten Ozean rasch ab. Viele der darin gelösten Bestandteile fallen dabei wieder aus und bilden Erzhügel und „Schornsteine" auf dem Meeresgrund. Schwarzer Rauch scheint aus diesen Schloten zu quellen. Denn das 350 °C heiße Wasser enthält noch immer gelöste Substanzen wie Schwefelwasserstoff. Und aus diesem bilden sich beim Abkühlen schwarze Metallsulfide.

Dieses Lavagestein in der Umgebung eines Schwarzen Rauchers in der Tiefsee beheimatet z. B. einige Krebsarten.

Lichtlose Oasen

Heiße Tiefseequellen ziehen Lebewesen bis heute magisch an

Wenn Wissenschaftler in kleinen U-Booten die Tiefsee erkunden, gibt es oft über weite Strecken nicht viel zu sehen. Meist bescheinen die Leuchten der Forschungskapseln nur wüstenhaften grauen Meeresboden. Dann aber taucht plötzlich ein Fisch oder eine Krabbe auf. Und die Forscher wissen, dass sie sich einer Oase inmitten der Ödnis nähern: Vor ihnen liegt eine heiße Tiefseequelle.

Ungemütliche Bedingungen

Die Erforschung dieser Lebensräume ist eine junge Disziplin, schließlich wurden die heißen Quellen am Meeresboden erst in den 1980er-Jahren entdeckt. Seither versuchen Biologen, Geologen und Chemiker zu verstehen, was in

Nützliche Helfer

Manche der Quellenbewohner aus der Tiefsee könnten für den Menschen nützlich sein. Vielleicht kann man sie z.B. einsetzen, um mit Schwermetallen belastetes Wasser zu entgiften oder Kupfer effektiver zu gewinnen. Es gibt schon Methoden, Kupfer mithilfe von Bakterien aus dem Erz herauszulösen. Wenn Arten zur Verfügung stünden, die große Hitze vertragen, könnte man diesen Prozess beschleunigen.

der Umgebung dieser Strukturen vor sich geht. Kann die Tierwelt dort tatsächlich Schutz vor globalen Vereisungen gesucht haben, wie eine gängige Theorie behauptet? Auf den ersten Blick wirkt das nicht gerade wahrscheinlich. Denn rings um die Quellen herrschen keine lebensfreundlichen Bedingungen. Das aus dem Meeresgrund sprudelnde Wasser ist nicht nur heiß, sondern enthält auch Schwefelwasserstoff und viele andere aggressive Verbindungen. Hier unten kann man nur mit Messgeräten aus dem besonders widerstandsfähigen Metall Titan arbeiten. Und selbst die korrodieren mit der Zeit.

Trotzdem haben Forscher ausgerechnet in dieser ungemütlichen Umgebung erstaunlich artenreiche Lebensgemeinschaften entdeckt. Bakterien wachsen hier in dicken grauweißen Matten. Sie leben von Schwefelwasserstoff, Methan und anderen aus dem Meeresboden quellenden chemischen Verbindungen. Damit schaffen sie die Grundlage einer ganzen Nahrungskette. Da gibt es Muschelbänke mit bis zu 500 Exemplaren pro Quadratmeter, Würmer sind in Längen zwischen 2 cm und 5 m vertreten. Auch Schnecken, Krabben und sogar aasfressende Fische scheinen sich an den Eigenheiten ihres ungewöhnlichen Lebensraums zu stören.

Überlebenskünstler in der Tiefe

Mit ganz speziellen Fähigkeiten haben sich die Organismen an die widrigen Umstände angepasst. Sie besitzen Eiweiße, die Temperaturen bis 110 °C vertragen – im menschlichen Körper verlieren viele Proteine schon bei Fieber über 42 °C ihre Funktion. Woher diese Widerstandsfähigkeit kommt, weiß bisher niemand. Bakterien lagern Schwermetalle und andere Gifte in ihren Zellen ein, ohne dabei Schaden zu nehmen. Garnelen haben anstelle von Augen Sensoren für Infrarotstrahlung entwickelt. Einfach ist es nicht, die Geheimnisse dieser Welt zu erforschen. Viele Organismen kann man nicht lebend an die Oberfläche bringen, weil sie die Druckunterschiede nicht aushalten. Nur etwa zehn Prozent der aus der Tiefsee bekannten Bakterien können Mikrobiologen bisher im Labor kultivieren. Insgesamt vermuten Experten im Umfeld der heißen Quellen bis zu 3 Mio. Arten, nicht einmal ein Prozent davon ist bisher bekannt. Heutzutage sind die heißen Quellen der Tiefsee also Oasen des Lebens. Und es gibt keinen Grund, warum sie das in den frühen Zeiten der Erdgeschichte nicht gewesen sein sollten.

Illustration eines modernen Tiefsee-U-Bootes vor einem Schwarzen Raucher.

Der Boom des Meereslebens

Die Jangtse-Plattform bezeugt die Artenvielfalt im Kambrium

In China erforschen Geologen der Technischen Universität Berlin eine fremde Welt mit bizarren Kreaturen. Da halten zwei Meter lange Ungetüme mit Stielaugen Ausschau nach Beute, die sie mit großen Zangen packen und in ein rundes Maul voll messerscharfer Zähne stopfen. So stark weichen die seltsamen Räuber von den heute üblichen Formen des Tierreichs ab, dass Wissenschaftler die Gattung *Anomalocaris* – „ungewöhnliche Garnele" - getauft haben. Auch ein wurmförmiges, dornenbewehrtes Wesen auf Stelzenbeinen erinnert eher an eine Sinnestäuschung als an ein Tier – daher der Name *Hallucigenia*. Die seltsamen Geschöpfe sind aber durchaus real – wenn auch längst ausgestorben. Gelebt haben sie vor mehr als 525 Mio. Jahren in den Tiefen der Ozeane.

Chinesisches Geschichtsbuch

Das Zeitalter des Kambrium, das etwa vor 542 Mio. Jahren begann und vor 488 Mio. Jahren zu Ende ging, ist für seine vielfältige Meeresfauna berühmt. Es ist die erste Phase der Erdgeschichte, aus der Wissenschaftler zahlreiche Fossilien von höher entwickelten Lebewesen gefunden haben. Die südchinesischen Provinzen Yunnan und Hunan gelten beispielsweise als wahre Fundgruben für

solche Überreste, die mehr als eine halbe Milliarde Jahre alt sind.

Nur an wenigen Stellen auf der Erde kann man einen Blick so weit zurück in die Vergangenheit der Ozeane werfen. Ozeanböden nämlich bleiben nur selten länger als ein paar Millionen Jahre erhalten. Wie die Kontinente bestehen sie aus riesigen Platten, die auf dem äußeren Teil des Erdmantels schwimmen. Nach einigen Jahrmillionen tauchen die meisten Ozeanböden aber an Tiefseerinnen wieder in den Erdmantel ab. Ein Glücksfall also, dass in Südchina Reste uralter Meeresböden zwischen Teile von Kontinentalplatten eingebaut wurden und so die Zeiten überdauerten.

Uralte Ahnen

In den versteinerten Sedimenten dieser sogenannten Jangtse-Plattform haben die Berliner Forscher und ihre Kollegen die Fossilien von mehr als 80 Tiergattungen gefunden. Die steinernen Zeitzeugen sind so gut erhalten, dass man oft noch das Verdauungssystem und andere Weichteile erkennen kann. In manchen der versteinerten Mägen liegen sogar noch die Reste der letzten Mahlzeit.

Etwa 20 Prozent der gefundenen Lebewesen sind so fremdartig, dass die Forscher ihr

ursprüngliches Aussehen in einem mühsamen Puzzlespiel rekonstruieren müssen. Andere wirken seltsam vertraut. Sie scheinen die Urahnen von Weichtieren, Krebsen und anderen heute bekannten Tiergruppen zu sein. Sogar den ältesten Fisch glauben Geologen in Südchina entdeckt zu haben. Zwar hatte man bisher angenommen, dass Fische erst 60 Mio. Jahre später auf der Bühne der Evolution erschienen seien. Doch *Haikouichthys* mit seinem Gehirn, seiner Rückenflosse und dem Vorläufer einer Wirbelsäule hat die Experten eines Besseren belehrt. Es scheint, als seien auch die ältesten Wirbeltiere schon in den Ozeanen des Kambrium entstanden. Offenbar lassen sich die Vorfahren aller heutigen Tierstämme bis in diese Zeit zurückverfolgen.

Viele Tiere, wenige Pflanzen

Während die Fauna im Kambrium blühte, scheint sich die Flora bescheiden zurückgehalten zu haben. Jedenfalls haben Wissenschaftler bisher aus dieser Zeit keine Spuren von höheren Pflanzen gefunden. Das Land hatten die Gewächse noch nicht erobert und auch in den Meeren gab es wohl nur Algen, die als sogenanntes Plankton im Wasser schwebten.

*Die Versteinerung eines Trilobiten aus dem Kambri-
um vor etwa einer halben Milliarde Jahre.*

Der Tod schafft Platz für neue Arten
Massensterben sorgen für einen Entwicklungssprung

Eine Beschreibung des Lebens auf der Erde vor 450 Mio. Jahren weckt beinahe paradiesische Vorstellungen. In den Meeren blühte das Leben, erste Schwammriffe wuchsen in den Ozeanen. Armfüßer, die den modernen Muscheln ein wenig ähneln, filterten ihre Nahrung aus dem Wasser. Brachiopoden nennen Biologen diese Armfüßer. Trilobiten genannte Tiere mit einem Panzer an Kopf und Schwanz und einem sehr beweglichen Körper dazwischen wimmelten durch die Gewässer dieser Zeit. Auch Schwämme, Muscheln und Schnecken gab es damals reichlich. Weil 20-mal mehr Kohlendioxid als heute in der Atmosphäre war, herrschten auf dem Globus vielerorts tropische Temperaturen.

Vereisung im Treibhaus
Mitten in dieses tropische Paradies aber platzte vor rund 440 Mio. Jahren eine kräftige Vereisung. Damals lagen das heutige Algerien und Marokko am Südpol. In den Gesteinen dieser Region finden sich aus dieser Zeit deutliche Spuren von Gletschern. Für 2 Mio. Jahre wurde aus dem Treibhaus ein Kühlhaus, anschließend schnellten die Temperaturen ziemlich abrupt wieder in die Höhe. Weil in einer Eiszeit viel Wasser als Eis an Land festgehalten wird und so den Ozeanen fehlt,

sanken damals die Meeresspiegel. Das aber wirkte sich fatal auf das Leben aus. Damals gab es sehr viele recht flache Gewässer. Wie im heutigen Wattenmeer pulsierte auch vor 450 Mio. Jahren in diesen „Suppenschüsseln" das Leben. Als die Wasserspiegel durch die Vereisung sanken, trockneten diese Flachmeere rasch aus. Sehr viele Arten verloren so ihren Lebensraum und verschwanden von der Erde. Ein wichtiger Teil der Evolution war damit für immer verloren. Und da es an Land nur einige wenige Pflanzen gab, war dieser Schlag für das Leben auf der Erde verheerend.

Das Leben kehrt zurück
Als die leergelaufenen Flachmeere wieder geflutet wurden, waren die Organismen, die dort vor dem Artensterben gelebt hatten, unwiederbringlich verschwunden. Jetzt aber kam die typische Eigenschaft der Evolution zum Tragen: Die noch vorhandenen Arten aus dem tieferen Wasser eroberten die flachen Meere und passten sich an die völlig anderen Verhältnisse dort an. Bald wimmelten auch diese Flachmeere ähnlich wie vor der Katastrophe wieder von Leben – allerdings waren es nun völlig andere Arten, die jetzt dort ihr Zuhause hatten.

Verheerender Schlag
Auch in den übrig gebliebenen Gewässern bewirkte der Klimaumschwung in Richtung Kühlhaus ein massives Artensterben bei Trilobiten, Brachiopoden und Korallen. Und auch als nach 2 Mio. Jahren die Temperaturen genauso schnell wieder auf höhere Werte anstiegen wie diese vorher gefallen waren, überlebten sehr viele Organismen diese plötzliche Veränderung der Umweltbedingungen nicht.

Die Hälfte aller Gattungen und ein erheblich höherer Prozentsatz der Arten war nach diesem Doppelschlag von der Erde verschwunden. Das gesamte Leben auf dem Globus hatte einen gewaltigen Einbruch zu verzeichnen. Zumindest die Trilobiten haben sich von diesem Schlag nie mehr so recht erholt.

Aber ähnlich einem Orkan, der große Breschen in den Wald schlägt, schafft auch ein Artensterben Platz für andere Arten. Genau wie in einer neu entstandenen Lichtung Stauden und Gräser keimen, Himbeeren Platz finden und nach einiger Zeit Birken und andere Pionierpflanzen wachsen, gab es damals im Meer viel Platz. Rasch vermehrten sich die Überlebenden und neue Eigenschaften entwickelten sich. Und es tauchten Arten auf, die zu den Urahnen der heutigen Fische zählen.

Diese Gesteinsplatte zeigt einen Seeskorpion der Gattung Eurypterus *aus dem Silur.*

Die ersten Bäume – und eine Sauerstoffkrise
Die Entwicklung der Landpflanzen schreitet voran

Ein wenig ähnelten die ersten Bäume auf der Erde den Baumfarnen, die noch heute in den Tropen und angrenzenden Regionen wachsen. Das schließen Forscher aus einer riesigen versteinerten Pflanze, die sie im US-Bundesstaat New York entdeckten. Mindestens 8 m war der Stamm lang, erst ganz oben reckte sich ein kräftiges Büschel mit vielen Blättern der Sonne entgegen. Dieser erste Baum wuchs vor rund 385 Mio. Jahren in einer Zeit, die Geologen als Mittleres Devon bezeichnen. Damals war das Klima eher warm, genau so wie es die Baumfarne noch heute vorziehen.

Holz hilft in die Höhe

In dieser Zeit hatten viele Pflanzen ähnliche Probleme wie sie auch heute die Gewächse plagen: Die Konkurrenz war groß. Da auf jeden Quadratmeter nur eine bestimmte Menge Sonnenlicht fällt, konkurrieren alle Pflanzen auf dieser Fläche um diese Energie. Eine Pflanze, die ein wenig höher wächst als die anderen, ist daher im Vorteil – denn dort oben hat sie keine Konkurrenz. Veränderungen im Erbgut, die längere oder kürzere Gewächse erzeugen, treten bei Pflanzen noch heute ab und zu auf. Vor 390 Mio. Jahren vermehrten sich vor allem die höheren Pflanzen, weil sie mehr Sonnenlicht abbekamen.

Allerdings schiebt die Physik der Entwicklung immer höherer Pflanzen irgendwann einen Riegel vor, weil herkömmliches Pflanzenmaterial nicht steif genug ist, um das Gewicht einer zu hohen Pflanze zu tragen. Diese Situation änderte sich erst, als eine Pflanze aus einer Gruppe von Phenylpropane genannten Biochemikalien, die z. B. in ätherischen Ölen vorkommen, ein Riesenmolekül zusammenstellte, das Wissenschaftler als Lignin bezeichnen. Wird dieses Riesenmolekül in die Wände der Pflanzenzellen eingebaut, versteift es die Zelle – die Pflanzen hatten das Holz erfunden.

Steife Pflanzenzellen aber können viel höhere Stängel bilden, weil sie nicht mehr bei jedem Windhauch umknicken. Bis zu 135 m wachsen

Erholungspause

Die neue Herausforderung durch die Erfindung der Bäume bewältigte die Evolution gut. Nach bewährtem Muster traten neue Arten an die Stelle der alten. Dann aber gönnte die Evolution sich eine lange, fast 120 Mio. Jahre lange Atempause, in der keine Superkatastrophen die neu entstandene Artenvielfalt wieder von der Erde wischte.

Bäume heute in die Höhe. Die ersten Bäume aber hatten nur 8 m lange Stämme und ähnelten den Baumfarnen, die noch heute in Neuseeland ähnliche Höhen erreichen.

Problemfall Wurzel

Auch wenn diese ersten Wälder noch niedrig waren, so haben sie doch vor rund 370 Mio. Jahren eine Katastrophe ausgelöst. Ihre Wurzeln drangen ähnlich wie heute in den damals noch jungfräulichen Boden vor und mobilisierten dort etliche Nährstoffe, die vorher völlig ungestört und unberührt im Boden lagerten. Die kräftigen Regenfälle der damaligen Zeit spülten diese Nährstoffe rasch ins Meer, das Plankton dort quittierte das plötzliche Schlaraffenland mit einer Massenvermehrung, die den Sauerstoff im Wasser weitgehend aufzehrte. Vor allem die Korallenriffe aber benötigen Sauerstoff, sehr viele Riffe starben damals ab. Gleich mehrmals scheint eine solche Atemnot den Riffen zu schaffen gemacht zu haben, 40 Prozent der Gattungen verschwanden und die Erde hatte einmal mehr ein Artensterben zu verzeichnen.

Ähnlich wie diesen tropischen Baumfarn muss man sich die ersten Bäume der Erdgeschichte vorstellen.

Sensation in der Arktis: ein Fisch auf Landgang

Der Missing Link zwischen Fisch und Landtier

Auch Paläontologen haben manchmal einen Sechser im Lotto. US-amerikanische Forscher jedenfalls landeten einen solchen Glückstreffer, als sie in der kanadischen Arktis drei versteinerte Fische entdeckten. Diese Fossilien beleuchten schlaglichtartig einen der ganz entscheidenden Momente in der Geschichte des Lebens auf der Erde. Alle drei Tiere gehören zu einer Gattung, die mit dem Inuit-Wort für „großer Süßwasserfisch" als *Tiktaalik* bezeichnet wird. Vor 375 Mio. Jahren war diese Gattung genau in dem Moment auf dem Sprung für einen Landgang, als die ersten Wälder wuchsen. Tiere konnten daher an Land

Der Urvogel

In seiner Evolutionstheorie zur Entwicklung der Arten hat schon Charles Darwin Missing Links vermutet. Gefunden aber wird ein solches Bindeglied fast nie, weil nur die allerwenigsten Organismen als versteinerte Fossilien bis in die Gegenwart erhalten bleiben. Das bekannteste Beispiel ist der Urvogel Archaeopteryx, *der ein Missing Link zwischen den Dinosauriern und den Vögeln ist. Er wurde nicht lange nachdem Darwin seine Evolutionstheorie veröffentlicht hatte gefunden.*

Nahrung finden. Bei *Tiktaalik* wandelten sich die Flossen bei diesem Landgang langsam zu Füßen, ein Hals machte den Kopf beweglich und die Rippen waren viel stabiler als ein reiner Wasserbewohner sie benötigt.

Missing Link

Genau so haben sich Biologen immer einen „Missing Link" vorgestellt. Ein solches Bindeglied zwischen Fisch und Landtier soll in bestimmten Eigenschaften eben genau den Übergang vom Wasserleben zur Existenz auf dem festen Land zeigen.

Bis zum Anfang des 21. Jh. aber fand niemand einen solchen Missing Link. Wie häufig bei paläontologischen Sensationen hatte dann der Zufall seine Finger im Spiel. Zwar suchten US-Forscher schon seit 1999 im hohen Norden nach den Fleischflosser-Fischen oder Sarcopterygia, aus denen später die Vierbeiner entstanden und aus denen sich auch die als Urfische bekannten noch heute lebenden Quastenflosser entwickelten. Aus einer Klippe auf Ellesmere Island im Norden des kanadischen Festlands und westlich der Nordhälfte Grönlands meißelten die Forscher in den Jahren 2002 und 2004 dann auch Hunderte von Fischknochen heraus. Aufregende Funde aber waren nicht darunter.

Picknick mit Folgen

Am dritten Tag der Expedition 2004 verhinderte schlechtes Wetter die Arbeit und das Team vertrat sich auf einem Spaziergang ein wenig die Beine. Ein gutes Stück oberhalb der Klippe mit den Fischfossilien knurrten die Forschermägen vernehmlich – man suchte sich einen geschützten Ort für ein Picknick. Kaum hatten sich die Wissenschaftler dazu niedergelassen, stachen Neil Shubin von der University of Chicago Fischknochen ins Auge, die versteinert in einem Felsen gleich neben ihm steckten. Schon beim ersten Blick erkannte der Paläontologe aufgeregt einen der Fleischflosser, aus denen sich die Vierbeiner entwickelt haben sollen.

Als Shubin und ein Kollege am nächsten Tag am neuen Fundort vorsichtig versteinerte Fischteile aus den vereisten Felsen schlugen, glaubten sie ihren Augen nicht zu trauen. Bald ragte der vordere Teil eines Fischschädels vor ihnen aus dem Stein. Wenig später hatte sich der Wunschtraum eines jeden Forschers erfüllt, denn im Felsen dahinter steckte mehr oder weniger unversehrt der Rest des Tieres. Und damit nicht genug: Gleich daneben fanden die Wissenschaftler noch zwei weitere Exemplare der so lange vergeblich gesuchten Fleischflosser.

Nachfolger von Tiktaalik sind die urtümlichen Quastenflosser. Weltweit leben vermutlich nur noch weniger als Tausend dieser Tiere in einigen Hundert Meter Wassertiefe.

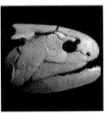

Wie Tiere das Wasser zum ersten Mal verließen

Aus Flossen werden Gliedmaßen: der Fleischflosser Tiktaalik

Als die US-Forscher drei Prachtexemplare der *Tiktaalik* benannten Fische mit bis zu 3 m Länge aus den Felsen auf Ellesmere Island im Norden Kanadas meißelten, sahen sie sofort, dass sie Tiere gefunden hatten, die an der Schwelle von den Fischen zu den Vierbeinern standen. Der Schädel beispielsweise ist ähnlich wie bei den heutigen Krokodilen abgeflacht, gleichzeitig aber panzern wie bei Stören und anderen altertümlichen Fischen Knochenschuppen die Tiere gegen ihre Umwelt.

Leben im Flussdelta

Dazu passt auch der Lebensraum hervorragend, in dem die Gattung *Tiktaalik* lebte:

Vor dem Missing Link

Den vermutlich unmittelbaren Vorgänger des Tiktaalik entdeckten Forscher auf der anderen Seite der Erde in Australien. Dort lebte gerade 5 Mio. Jahre vor dem Tiktaalik die Gattung Gogonasus. Im Bereich der Kiemen hatten diese Fische bereits stark erweiterte Spritzlöcher wie sie auch Haie und Rochen haben. Bei den Landtieren entwickelten sich daraus später der Gehörgang und das Mittelohr.

Ähnlich wie heute der Mississippi in den USA oder die Donau in Europa in einem Wirrwarr aus Wasserläufen ins Meer mündet, wanden sich vor 375 Mio. Jahren in der Gegend der heutigen Ellesmereinsel Flüsse ins Meer. In diesem flachen Deltawasser lag es nahe, dass die Tiere versuchen würden, das von Pflanzen bewohnte Land zu erobern.

Herkömmliche Fischflossen aber taugen nicht für die Fortbewegung auf festem Grund. Schon vor 385 Mio. Jahren hatte daher ein *Panderichthys* genannter Fisch seine Flossen so umgebildet, dass er sich im flachen Wasser über den Grund schleppen konnte. Seine versteinerten Überreste wurden in Lettland gefunden. Richtig an Land aber schaffte es *Panderichthys* nicht; er blieb ein echter Fisch. Geschafft haben es dagegen zwei andere Tiere, *Acanthostega* und *Ichthyostega* genannt, deren Reste im heutigen Grönland gar nicht so weit von der Ellesmereinsel gefunden wurden. Obwohl ihr Schwanz noch genau wie eine Fischflosse aussieht, hatten sie bereits richtige Beine mit Zehen an den Füßen.

Das Bindeglied

Genau in die Lücke zwischen dem letzten Fisch auf dem Weg zum Landgang und den ersten echten Vierbeinern aber passte der neue Fund. In den Flossen des Tieres fanden die Forscher beispielsweise richtige Gelenkknochen, wie sie alle Vierbeiner bis hin zum auf zwei Beinen laufenden Menschen haben. Mit ihnen kann man Füße (und Hände) so abwinkeln, dass man bequem gehen kann. Genau das scheint *Tiktaalik* auch gemacht zu haben. Ellenbogen hatte die Art ebenfalls bereits entwickelt. Sogar die Ansätze für die Knochen für fünf Finger fanden die Forscher in der Flosse von *Tiktaalik*.

Auch die Armknochen waren ein wenig länger als bei den Fischen vorher. Damit konnten sie die Gliedmaßen leichter abspreizen, der erste Schritt zum Gehen auf vier Beinen war also getan.

Noch immer aber endeten beim *Tiktaalik* die Fingerknochen in sogenannten Flossenstrahlen, wie sie für Fische typisch sind. Vermutlich liefen diese Tiere damit auch gar nicht über festes Land, sondern schoben sich mit ihren neuartigen Beinen und Armen am flachen Grund des Flussdeltas vorwärts. Streckten die *Tiktaalik* Schulter und Ellenbogen der vorderen Gliedmaßen, konnten sie den Vorderkörper aufrichten. Dann kam auch der bewegliche Hals zum Einsatz, sodass die Tiere sich an Land umschauen konnten, ohne den Körper zu bewegen.

Die Geschichte des Lebens

Kopfskelett des Gogonasus, dessen Aufbau ähnlich wie bei einem Vierfüßer ausgeprägt war. Dieses fast 400 Mio. Jahre alte Fossil wurde 2006 in Australien gefunden.

Fische auf dem Trockenen

Schlammspringer verlassen das Wasser

Zwar gibt es durchaus Fossilien aus der Zeit, als die ersten Wirbeltiere das Wasser verließen. Doch wie haben sich diese Pioniere verhalten? Ein Besuch in den Mangrovensümpfen Afrikas oder Madagaskars kann davon einen Eindruck vermitteln. Denn dort leben Fische, die das nasse Element zumindest zeitweise aufgeben: Die Schlammspringer scheinen auf dem besten Weg zum Landleben zu sein.

Zwischen den Elementen

Der stromlinienförmige Körper der Tiere erinnert an einen typischen Fisch, auch Flossen besitzen Schlammspringer. Allerdings sind die Brustflossen verdickt und kräftig ausgebildet, sodass die Tiere damit über den

---

Tropische Landgänger

Anpassungen an das Landleben gibt es vor allem bei tropischen Fischen recht häufig. Denn in den Tropen leben viele Arten in zeitweise austrocknenden Tümpeln oder überschwemmten Flächen. Also müssen sie z. B. sicherstellen, dass die Sauerstoffversorgung auch in Trockenzeiten klappt. So weit wie die Schlammspringer aber sind die meisten anderen Fische in ihrem Wasserverzicht nicht gegangen.

Strand robben können. Besonders elegant sieht das nicht aus – doch wen kümmert das? Schließlich gibt es an Land ergiebige Nahrungsquellen.

Schlammspringer weiden Algen an den trockengefallenen Mangrovenwurzeln ab oder fangen Insekten, Spinnen und Krebse auf dem Strand. Um diese Beute zu erwischen, sind sie flink und geschickt genug auf den Flossen. Ihr Bewegungsdrang reicht sogar so weit, dass sie manchmal auf Bäume klettern. Praktisch sind die Flossen aber auch zum Graben. Die Fische auf Landgang bauen sich Höhlen im Schlick, in denen sie sich paaren und Schutz vor Feinden suchen.

Jagen und Fressen, Balzen und Revier verteidigen – es gibt heute keinen anderen Fisch, der so große Teile seines Lebens an Land verlagert hat. Manche Schlammspringer verbringen genauso viel Zeit auf dem Trockenen wie im Wasser. Doch hat die Eroberung des Festlands vor 375 Mio. Jahren tatsächlich so ausgesehen?

Neuer Fisch auf alten Wegen

Entwicklungsgeschichtlich haben Schlammspringer mit den ersten Landtieren nichts zu tun. Anders als z. B. die Quastenflosser sind sie keine lebenden Fossilien, sondern gehören zu

einer modernen Gruppe von Knochenfischen. Trotzdem sind aus dem Wasser kriechende Schlammspringer ein gutes Bild für den Weg der Wirbeltiere zu trockenen Ufern. Denn wie die längst ausgestorbenen Landpioniere haben auch sie bestimmte Anpassungen entwickelt, die für das Überleben außerhalb des nassen Elements unerlässlich sind.

Mit ihren vorstehenden Glubschaugen können Schlammspringer auf dem Trockenen sogar besser sehen als im Wasser. Die Atmung allerdings ist ein Problem. Denn die Tiere haben keine Lungen, sondern atmen als typische Fische über die Kiemen. Zwar können sie über die Haut und durch Luftschnappen zusätzlich Sauerstoff aus der Luft aufnehmen. Das allein aber genügt nicht. Also nehmen die Fische auf ihre Landgänge einen Vorrat „Atemwasser" mit, den sie in ihrer erweiterten Kiemenhöhle transportieren. Damit halten sie die Kiemen ständig feucht. Für stundenlange Landausflüge aber genügt diese Notration nicht. Von Zeit zu Zeit müssen die Schlammspringer daher zurück in eine Pfütze robben, um Nachschub zu holen. Wirklich unabhängig vom nassen Element sind sie also noch nicht.

Der Schlammspringer ist ein Fisch auf der Schwelle zum Landleben.

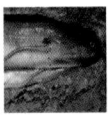

Trockene Beute: Fische jagen an Land
Eine neue Technik erlaubt das Jagen an Land

Als vor etwa 375 Mio. Jahren die ersten Tiere das nasse Element verließen, standen sie vor einer ganzen Reihe neuer Probleme. Eines davon war die Ernährung. Viele Fische fangen ihre Beute, indem sie das Opfer einfach in sich hineinsaugen. Mit bestimmten Bewegungen ihres Maules können sie unter Wasser problemlos einen genügend starken Sog erzeugen, um kleine Tiere zu sich hin zu ziehen. An Land aber klappt das nicht, weil Luft eine um den Faktor 800 geringere Dichte hat als Wasser. Da kann ein Fisch noch so heftig saugen, er wird kaum ein Beutetier von der Stelle bewegen. Die ersten Landtiere mussten sich also etwas Neues einfallen lassen.

Eine neue Taktik

Wie die Lösung dieses Problems ausgesehen haben könnte, demonstriert der Afrikanische Aalwels, der in den Sumpfgebieten Afrikas lebt. Dort gibt es oft relativ wenig Wasser mit darin schwimmender Nahrung, dafür aber umso mehr Schlamm und darauf krabbelnde Landinsekten. Also verlässt der Aalwels regelmäßig das nasse Element, um auf dem Trockenen Beute zu machen. Um herauszufinden, wie er das schafft, haben Wissenschaftler der Universität Antwerpen solche Jagdszenen genau analysiert.

Im Labor lockten sie einen Aalwels mithilfe schmackhafter Käfer aus seinem Becken und filmten sein Verhalten. Auf den Aufnahmen katapultiert sich der Fisch zunächst mit einer kräftigen Bewegung aus dem Wasser. Dann hebt er den Vorderkörper und senkt den Kopf. So kann er das auf einer Glasscheibe vor dem Becken sitzende Insekt problemlos von oben packen und zwischen seine Kiefer bugsieren. Die Bewegungen, die der Fisch dabei macht, ähneln den typischen Saugbewegungen unter Wasser. Er musste also nicht die Jagd komplett neu erfinden, sondern nur in einem Punkt abwandeln: Entscheidend war die Fähigkeit, den Kopf zu senken. Andernfalls würde er die Beute mit seinen Kieferbewegungen nur vor sich her schieben, könnte sie aber nicht ins Maul bringen. Wer aber den Kopf senken will, braucht eine biegsame Wirbelsäule, die diese Bewegung erlaubt.

Eine wichtige Erfindung

Genau das ist nach Ansicht der Forscher die entscheidende Anpassung für Landjäger. Auch die längst ausgestorbenen Pioniere des Landlebens dürften diese Erfindung gemacht haben. Lange hatten Wissenschaftler angenommen, dass diese vor allem kräftige Brustflossen brauchten, um auf dem Trockenen erfolgreich jagen zu können. Schließlich könnte der bekannte Schlammspringer seine Beute kaum erwischen, wenn er nicht auf diesen Extremitäten vorwärts robben würde. Der Aalwels aber zeigt, dass man an Land nicht unbedingt solche Beinansätze braucht – sehr wohl aber ein flexibles Rückgrat. Wenn er das nicht hätte, käme auch der Schlammspringer nie zu einem gefüllten Magen. Ohne die Erfindung des Kopfsenkens und die entsprechende Anpassung der Wirbelsäule hätten die Wirbeltiere wohl nie das Wasser verlassen können. Sie wären einfach verhungert.

Ertrinkende Fische

Auch die Lungenfische in Afrika, Südamerika und Australien haben interessante Anpassungen an das Landleben entwickelt. So haben sie teilweise verknöcherte und mit Muskeln ausgerüstete Bauch- und Brustflossen, mit denen sie von einem Tümpel zum nächsten krabbeln. Zudem besitzen sie neben ihren Kiemen eine Lunge, mit der sie Luft atmen können. Manche Arten sind sogar auf diese Form der Sauerstoffversorgung angewiesen: Wenn sie zu lange unter Wasser bleiben müssen, ertrinken sie.

Die Geschichte des Lebens

Der Lungenfisch gehört ebenfalls zu den Land-gängern unter den Fischen.

Entstanden die Panzerträger im Wasser oder an Land?

Die Ahnen der Landschildkröten

Vor rund 250 Mio. Jahren „erfand" die Evolution bei einer Reptilienart einen wirksamen Schutz vor angreifenden Feinden: Die Knochen der Wirbelsäule und der Rippen sowie von Becken- und Schultergürtel verschmolzen zu großen Knochenplatten, auf der entweder eine Lederhaut oder einzelne, miteinander verzahnte Hornplatten eine zweite Schutzschicht bildeten. Zwischen zwei solchen kaum zu knackenden Panzern leben diese Reptilien bis heute gut geschützt. Nur die Beine, Kopf und Schwanz schauen aus dem Schild heraus, können bei Gefahr aber schnell eingezogen werden. Dem Panzer verdanken die Tiere auch ihren Namen: „Schildkröten".

Erfolgreicher Panzer

Heute leben Schildkröten nicht nur auf allen Kontinenten außerhalb der Polarregionen, sondern schwimmen auch in allen Meeren und in vielen Flüssen und Seen. Die Entwicklung des Panzers war also eine sehr erfolgreiche Erfindung, garantiert sie ihren Trägern doch eine Viertel Milliarde Jahre später noch Schutz. Ob die gepanzerten Reptilien aber an Land oder im Wasser entstanden, darüber rätselten die Forscher lange. Erst als man die Panzer heutiger Schildkröten mit denen ihrer Artgenossen vor 200 Mio. Jahren verglich, stieß man im Jahr 2007 auf die Lösung.

Heutige Landschildkröten tragen einen massiven Panzer als Schutz. Wasserschildkröten dagegen müssen auf ihr Gewicht achten, um nicht unterzugehen. Daher ist ihr Panzer von vielen Hohlräumen durchzogen und ähnelt einem extrem starren Schwamm. Da sich das Leben ohnehin lange Zeit vor allem im Wasser abspielte, nahmen viele Evolutionsbiologen an, zunächst hätten sich solche Wasserschildkröten entwickelt. Erst im Lauf der Jahrmilli-

onen wären die Tiere an Land gekrabbelt und hätten sich einen massiven Panzer zugelegt. Als die Forscher die ältesten Schildkrötenpanzer genauer anschauten, fanden sie nur die Massivbauweise. Das aber deutet darauf hin, dass erst Landschildkröten entstanden sind, die später den Weg ins Wasser fanden.

Perfekte Sinne

Obwohl Schildkröten zu den ältesten Tierordnungen mit weitgehend unverändertem Bauplan gehören, sind ihre Sinnesleistungen hervorragend. Ihre Augen und Nasen müssen sich sehr früh in der Evolution zu den raffinierten Organen entwickelt haben, die ihnen noch heute die Orientierung erleichtern. Wie alle Reptilien haben Schildkröten unterschiedliche Rezeptoren für vier Farben und sehen so anders als der Mensch auch im nahen Infrarot und Ultraviolett. Die Augen der Wasserschildkröten sind perfekt an den neuen Lebensraum angepasst, die Tiere sehen unter Wasser also glasklar. Mit ihrem feinen Geruchssinn identifizieren sie potenzielle Geschlechtspartner auch unter Wasser und riechen Nahrung oder Plätze, an denen sich die Eier vergraben lassen.

Der schwere Panzer dieser Landschildkröte wäre für das Leben im Wasser nicht geeignet.

Steinalt und gefährdet

Schildkröten leben von allen Wirbeltieren am längsten – im Jahr 2006 starben in Gefangenschaft zwei dieser Tiere, die mit hoher Wahrscheinlichkeit 270 und 256 Jahre alt waren. Langlebigkeit und Panzer aber helfen den Schildkröten

gegen Menschen wenig, welche die Reptilien als Delikatesse in den Kochtopf werfen, den Panzer als Schmuck verwenden oder den Tieren ihren Lebensraum streitig machen. Viele Schildkrötenarten sind daher heute leider vom Aussterben bedroht.

Lebende Fossilien
Urzeitkrebse zwischen Wasser und Land

In den Tümpeln der österreichischen March-Aue schwimmen lebende Fossilien. Seit Millionen Jahren bewähren sich die Tricks, mit denen die Krebse aus der Urzeit den Wechsel zwischen Wasser und Land vollziehen.

Älter als die Dinosaurier

Großbranchiopoden nennen Wissenschaftler jene uralte Gruppe von Krebsen, die schon vor den Zeiten der Dinosaurier durchs Wasser paddelten. Ihr ältester bekannter Vertreter, dessen fossile Überreste in Schweden gefunden wurden, hat schon vor mehr als 500 Mio. Jahren gelebt. Diese Art ist zwar ausgestorben, andere Urzeitkrebse aber erfreuen sich bis

heute bester Gesundheit. Darunter ist auch die älteste bekannte Tierart, die heute auf der Erde lebt: Ein mehr als 220 Mio. Jahre alter Krebs namens *Triops cancriformis*.

Urzeitkrebse sind braune oder smaragdgrüne Tiere, einige Zentimeter groß, mit urtümlich anmutenden Panzern und bizarren Fortsätzen zum Schwimmen. Ihre blattförmigen Beine benutzen sie nicht nur zum Paddeln, Laufen und Graben, sondern auch zum Atmen und zum Fressen.

Ursprünglich haben sie wohl in allen möglichen Gewässern gelebt. Doch in der Triaszeit vor etwa 250 Mio. Jahren eroberten immer mehr Fische Flüsse und Seen. Seither lauern überall hungrige Mäuler. Also haben sich die Urzeitkrebse in fischfreie Lebensräume zurückgezogen. Dazu gehören neben Salzseen vor allem Auetümpel, die nur vom Hochwasser gespeist werden und daher immer wieder austrocknen.

Wenn das Wasser verschwindet, sterben die Krebse. Doch für die nächste Generation ist dann schon gesorgt: Im Schlamm bleiben Tausende von sogenannten Dauereiern zurück, die jahrzehntelange Trockenphasen problemlos überstehen können. Sie schalten einfach ihren Stoffwechsel ab und warten auf bessere Zeiten.

Wettlauf mit der Zeit

Wenn dann Wasser die Tümpel wieder füllt, ist Schnelligkeit gefragt. Die Krebse brauchen nur ein paar Tage, um sich vom Ei über verschiedene Larvenstadien bis zum geschlechtsreifen Tier zu entwickeln. Dabei überspringen die heutigen Arten wohl etliche Entwicklungsschritte, die ihre ausgestorbenen Ahnen noch vollzogen haben – bis das Gewässer wieder austrocknet, müssen neue Eier gelegt sein.

In diesem Wettlauf gegen die Zeit verzichten etliche Arten fast ganz auf Sexualität. Bei diesen Spezialisten kommen die Weibchen ohne Kontakt zu Männchen aus. Sie bringen ihren Nachwuchs durch Jungfernzeugung zur Welt und können daher ganz allein eine neue Population gründen. Unter ungünstigen Umständen ist das eine sehr Erfolg versprechende Strategie. Allerdings leidet darunter die genetische Vielfalt des Bestands. Aber auch dagegen haben die Überlebenskünstler ein Rezept: In guten Zeiten entwickeln sich auch Männchen. Die zeugen dann auf sexuellem Weg Nachwuchs und geben so der nächsten Generation neue Erbanlagen mit.

Der Blattfußkrebs Triops cancriformis *zählt zu jenen Urzeitkrebsen, die sich in fischfreie Lebensräume zurückgezogen haben.*

Die Geschichte des Lebens

Die Monster aus der Urzeit

Riesentiere und -pflanzen aus der Zeit vor den Dinosauriern

Wer einen Blick auf die Fossilien aus der Zeit vor 540 bis 250 Mio. Jahren wirft, wird sich wahrscheinlich ziemlich klein vorkommen. Denn die Evolution hat in dieser Zeit vor den Dinosauriern eine ganze Reihe von Tieren und Pflanzen hervorgebracht, die viel größer als ihre heutigen Verwandten waren.

Räuber im Meer

Vor 380 Mio. Jahren tauchte z. B. ein wirklich furchterregender Räuber im Meer auf: 9 bis 10 m lang war der Panzerfisch *Dunkleosteus*, der geschützt von einem Knochenpanzer Jagd auf alles machte, was ihm vor das Maul schwamm. Vielleicht hat *Dunkleosteus* auch jenen kleinen, seltsamen Fisch gejagt, der damals unter anderem in der Gegend des heutigen Grönland im Wasser schwamm. Mit seinen 60 bis 70 cm Länge hätte dieses *Ichthyostega* genannte Tier gegen die mächtigen Knochenplatten, mit denen der Panzerfisch seine Beute packte, nicht die Spur einer Chance gehabt. Aber *Ichthyostega* konnte sich diesem und anderen Räubern mit einer brandneuen Erfindung entziehen: Das Tier hatte vier Beine, mit denen es auch auf dem sicheren Land flott unterwegs war. Aus seinen Nachkommen entstanden später die Landwirbeltiere.

Riesenskorpion

Schon 50 Mio. Jahre zuvor hatten die ersten Pflanzen den Landgang gewagt. Zunächst folgten die Vorfahren der heutigen Skorpione und Spinnen den Pflanzen, die Zeit von *Ichthyostega* war noch nicht gekommen. Die Ahnen der Spinnen und Skorpione aber waren aus heutiger Sicht wahre Monster: Vor 330 Mio. Jahren krabbelten beispielsweise 160 cm lange und 1 m breite Seeskorpione aus der Gattung *Hibbertopterus* durch das Gebiet des heutigen Schottlands. Die Riesentiere trippelten auf ihren sechs Füßen mit gerade einmal 27 cm langen Schritten über Land und stützten sich zusätzlich auf ihren kräftigen Schwanz, der eine deutliche Schleifspur zwischen den Fußabdrücken hinterließ. Bei solch kleinen Schritten hätte ein Mensch dem Riesenskorpion wohl leicht davonlaufen können.

Deutsche Tropenwälder

Ungefähr zur gleichen Zeit lag das heutige Deutschland am Äquator, ein üppiger tropischer Regenwald wuchs vor 340 Mio. Jahren dort, wo heute Buchen und Eichen wurzeln. Damals aber ragten 40 m hohe Bäume in den Himmel, die mit dem heutigen Bärlapp verwandt waren. Auch die Schach-

telhalme waren damals stattliche, 20 m hohe Bäume. Die Überreste dieser Wälder werden heute als Steinkohle im Ruhrgebiet und in den USA abgebaut.

Genau wie heute durch die Tropenwälder flatterten damals beeindruckende Insekten durch die Steinkohlewälder – nur hatten die Libellen damals bis zu 70 cm lange Flügel. Größere Insekten als diese Fleischfresser lebten seither nicht mehr auf der Erde. Auch die Lurche dieser Zeit waren beeindruckend. Im Museum für Naturkunde der Humboldt-Universität in Berlin liegt z. B. der 1 m lange Schädel eines solchen Amphibiums. 4 m lang waren diese Superfrösche insgesamt und brachten wohl mehr als 1 t Gewicht auf die Waage.

Die Ahnen der Dinos

Vor 290 Mio. Jahren tauchten die ersten Reptilien auf. Auch sie waren nicht gerade klein: 3,5 m lang war beispielsweise eines dieser Tiere, das eine Art riesiges Segel auf dem Rücken trug und das die Wissenschaftler Dimetrodon getauft haben. Auch wenn dieses Tier frappierend an die Dinosaurier erinnert, kam deren Zeit doch erst rund 40 Mio. Jahre später.

Die Geschichte des Lebens

In diesem Gestein in Schottland hat ein Riesen-
skorpion der Gattung Hibbertopterus *seine Spuren*
hinterlassen.

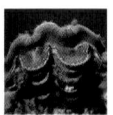

Zwei Massensterben ebnen den Sauriern den Weg

Unvorstellbare Katastrophen in Perm und Trias

120 Mio. Jahre lang sorgte die Evolution ohne Superkatastrophen dafür, dass die Artenvielfalt sich von den vorangegangenen Massensterben wieder erholte. Diese lange Zeit der Ruhe aber sollte sich als Ruhe vor dem Sturm erweisen: Vor 251 Mio. Jahren kam es nach Ansicht aller Evolutionsforscher zum stärksten Artensterben aller Zeiten – oder zumindest seit jener Zeit, als die Erde komplett zu einem Schneeball vereist war.

Die Ouvertüre

Es begann mit einer Art Ouvertüre: Vor 260 Mio. Jahren gab es ein erstes, kleineres Artensterben, 9 Mio. Jahre später folgte der Paukenschlag. Beide Ereignisse zusammen wischten mehr als drei Viertel aller Gattungen vom Globus, über 90 Prozent aller Arten verschwanden und sollten nie mehr auftauchen. So läutete für die vorher bereits geschwächten Trilobiten endgültig die Totenglocke, Seeskorpione gibt es seit dieser Zeit ebenfalls nicht mehr. Die Brachiopoden wurden von der Katastrophe anscheinend noch stärker als die ebenfalls hart getroffenen Muscheln erwischt. Als wieder Ruhe eingekehrt war, erholten sich die Muscheln, von denen mehr Arten überlebt hatten, auch erheblich schneller. Ein Strandspaziergang beweist noch heute, dass die

Muscheln seither dominieren: Sie finden sich praktisch überall.

Lazarus lebt

Während vor der großen Katastrophe im Erdzeitalter des Perm vor 251 Mio. Jahren der Meeresboden vor Leben nur so wimmelte, wirkte er nachher wie leergewischt. Auch die Korallen wurden hart getroffen. Über einen Zeitraum von 7 Mio. Jahren haben die Paläontologen keine Spur mehr von ihnen entdeckt, erst danach tauchten wieder erste Riffe auf. Auch viele Schwämme waren vollständig ver-

> ### Artensterben im Trias
>
> *51 Mio. Jahre nach der Katastrophe im Perm schlug im Erdzeitalter Trias vor 200 Mio. Jahren das nächste Massenartensterben zu und beendete diese Epoche. Im Meer fielen 40 Prozent der Gattungen diesem Ereignis zum Opfer, unter dem vor allem die Korallenriffe litten. Da heftige Klimaschwankungen das Massensterben begleiteten, kommen erneut Vulkanausbrüche als Ursache in Frage. Genaueres aber weiß niemand. Nur eines ist klar: Das Artensterben vor 200 Mio. Jahren machte den Weg für die Dinosaurier frei.*

schwunden, einige davon tauchten erst Jahrmillionen später wieder auf. Als „Lazarus-Effekt" bezeichnen Wissenschaftler es, wenn eine Lebensform verschwindet und später scheinbar von den Toten wieder aufersteht. In Wirklichkeit haben die Schwämme wohl überlebt, aber ihre Zahl war allem Anschein nach zu gering, als dass sie Spuren hinterlassen hätten, die bis heute reichen.

Vulkane unterbrechen die Evolution

Über die Ursache für das größte Artensterben, das der Globus bisher gesehen hat, rätseln die Forscher noch. Unter Verdacht aber stehen die sogenannten Sibirischen Basaltfelder: In wenigen 100 000 Jahren quollen dort damals einige Mio. Kubikkilometer Lava aus dem Erdinnern, noch heute bedeckt eine kilometerdicke Basaltschicht zwischen den Flüssen Ob und Lena eine riesige Fläche. Die dabei freigesetzten Gase könnten den Globus einmal mehr zunächst in ein gigantisches Kühlhaus und danach in eine überdimensionale Sauna verwandelt haben. Dieses Wechselspiel aber halten die wenigsten Arten durch.

Muscheln – hier eine Riesenmuschel im Roten Meer – überlebten die größte Katastrophe ihrer Geschichte im Erdzeitalter Perm.

Vielfalt: die Antwort auf das Massensterben am Ende des Perm
Gigantische Lavaströme bringen die Evolution voran

Vor 251 Mio. Jahren öffneten sich im heutigen Sibirien riesige Lavaspalten und lösten eine gigantische Katastrophe aus. Unvorstellbare Mengen Lava quollen in kurzer Zeit aus dem Boden. Dauereruptionen verursachten zunächst einen vulkanischen Superwinter, bald verwandelten riesige Mengen Kohlendioxid die Erde in eine überdimensionale Sauna. Ein Horrorszenario also – das Forscher heute als Lehrstück der Evolution bezeichnen.

Alles wird komplexer

76 Prozent aller Gattungen und weit mehr als 90 Prozent aller Arten überlebten dieses vielleicht größte Artensterben aller Zeiten nicht. Diese Riesenkatastrophe aber liefert die Grundlagen einer neuen Theorie, die Ende des Jahres 2006 eine bisherige zentrale Annahme vieler Evolutionsbiologen infrage stellte.
Bis dahin gingen viele Paläontologen davon aus, dass die Lebensgemeinschaften im Lauf der Jahrmillionen nicht nur immer vielfältiger und komplexer wurden, sondern dass dieser Prozess auch relativ gleichmäßig verlaufen sei. Ein grober Blick auf die Fossilien schien diese Annahme zu bestätigen: Je weiter eine Periode in der Vergangenheit liegt, umso weniger Arten und Gattungen kennen Forscher aus dieser Zeit.

Revolution der Ökosysteme

Zu einem ganz anderen Ergebnis kommen Evolutionsbiologen, wenn sie vergleichen, wie häufig in den Weltmeeren einfache Lebensgemeinschaften, in denen eine Art alle anderen mit großem Abstand dominiert, im Vergleich mit komplexen Lebensgemeinschaften sind, in denen mehrere Arten in vergleichbaren Größenordnungen vorkommen. Seit 540 Mio. Jahren gibt es ungefähr gleich viele solcher einfachen und komplexen Ökosysteme. Als aber vor 251 Mio. Jahren gigantische Lavaausbrüche das heutige Sibirien verheerten, änderte sich dieses Verhältnis schlagartig: Plötzlich waren die komplexen Lebensgemeinschaften in den Meeren ungefähr dreimal häufiger als die einfachen. Damit aber ist die These von der stetigen Zunahme komplexer Ökosysteme wohl vom Tisch.
Die schlagartige Änderung der Klimaverhältnisse traf damals wohl die Arten am härtesten, die eigentlich ihrer Umwelt am besten angepasst waren und sich so die Konkurrenz vom Leib hielten. Als diese einfachen Ökosysteme ausfielen, musste sich das Leben etwas einfallen lassen. Dieses „etwas" war die Vielfalt: Die seither die Ozeane dominierenden Muscheln, Schnecken und Seeigel kommen mit viel unterschiedlicheren Methoden an Nahrung als die Organismen, die vor der Katastrophe unter Wasser bestimmend waren. Neben dem altbekannten Filtern von Nahrung aus dem Wasser gruben nun manche Organismen im Untergrund aktiv nach Nahrung, weideten die Vegetation im Meer ab oder jagten andere Organismen in den Ozeanen. Durch diese Vielfalt entstanden sehr komplexe Lebensgemeinschaften, in denen viele Arten ähnlich häufig sind. Die beinahe erdrückende Dominanz einzelner Arten früherer Zeiten ist seltener geworden und längst nicht mehr so ausgeprägt wie einst.

Vielfalt der Fossilien

Je jünger ein Fossil ist, umso leichter bleibt es erhalten. Dieser einleuchtende Satz stellt Paläontologen vor Riesenprobleme: Aus der jüngsten Vergangenheit finden sie viel mehr Überreste von Arten als aus länger vergangenen Zeiten. Einfach die Arten zu zählen und aus ihrer absoluten Zahl auf die Vielfalt der Lebensgemeinschaften in der jeweiligen Zeit zu schließen, liefert daher kaum objektive Ergebnisse.

*Mit dem Austreten von Lava – im Bild erkaltetes
Lavagestein auf den Kanarischen Inseln – steigen
Gase in die Atmosphäre auf. Geschieht dies in Aus-
maßen wie vor 251 Mio. Jahren in Sibirien, ist eine
globale Klimakatastrophe unvermeidlich.*

Herrscher des Erdmittelalters: die Dinosaurier
Große und kleine Echsen entwickelten die verschiedensten Lebensstile

Zwischen zwei gewaltigen Katastrophen, die zahlreiche Arten auslöschten, lag das Erdmittelalter. Diese Periode, die Wissenschaftler in die Zeitalter Trias, Jura und Kreide einteilen, begann vor etwa 248 Mio. Jahren und endete vor gut 65 Mio. Jahren. Es war eine Zeit der Umbrüche und Veränderungen. Denn in der gewaltigen Landmasse des Superkontinents Pangäa begann es zu arbeiten. Gräben rissen auf, Vulkane brachen aus, Ozeane wurden geboren. Auf diese Weise entstand eine von Meeren geprägte Welt mit mildem Klima. An Land aber herrschten die Echsen.

Riesige Vegetarier

Die Ära der Dinosaurier begann vor etwa 235 Mio. Jahren und endete mit ihrem Aussterben am Ende der Kreidezeit. Dazwischen hatten die Reptilien die Erde fest im Griff und besetzten die unterschiedlichsten ökologischen Nischen. Es gab große Pflanzenfresser, die in Herden umherzogen, aber auch gefährliche schnelle Raubtiere und Aasfresser.

So vielfältig wie die Lebensstile waren auch die Körperformen. So haben die Dinosaurier die größten Landtiere aller Zeiten hervorgebracht. Zu diesen Riesen unter den Lebewesen gehörte beispielsweise der *Brachiosaurus* mit seinem langen Hals und dem

winzigen Kopf, der vor etwa 155 bis 135 Mio. Jahren in Afrika und Nordamerika lebte. Im Durchschnitt brachte es dieser Pflanzenfresser auf 23 m Länge und 13 m Höhe. Seine 38 t Gewicht entsprechen mehr als dem Fünffachen eines Afrikanischen Elefantenbullen. Einzelne Brachiosaurier dürften sogar noch deutlich größer gewesen sein.

Der Titel „größtes Landtier der Geschichte" aber dürfte dem *Argentinosaurus* zustehen, der etwa vor 110 bis 95 Mio. Jahren lebte. Von diesem Giganten wurden in der argentinischen Provinz Neuquén bisher nur einzelne Knochen gefunden, ein ganzes Skelett ist also nicht aufgetaucht. Trotzdem ließ sich die Körpergröße der Tiere auf der Basis der Knochenfunde recht genau berechnen. Demnach soll der ebenfalls vegetarisch lebende *Argentinosaurus* 8 m hoch und bis zu 42 m lang geworden sein. Gewogen hat er wahrscheinlich um die 100 t.

Große Echsen, kleine Echsen

Doch nicht nur die Vegetarier haben es im Lauf ihrer Entwicklung auf gigantische Dimensionen gebracht, auch unter den Raubtieren gab es wahre Riesen. Zu den Fleischfressern im Großformat gehörte der *Gigantosaurus*, der vor etwa 100 bis 90 Mio. Jahren lebte. Der auf zwei Beinen laufende massige Saurier brachte es auf mehr als 14 m Länge und 8 t Gewicht. Vielleicht noch etwas größere Dimensionen erreichte der *Spinosaurus*, der bisher als aussichtsreichster Kandidat für den Titel „größtes Landraubtier aller Zeiten" gilt.

Solche Rekorde lassen allerdings leicht die falsche Vorstellung entstehen, dass alle Dinosaurier imposante Riesen waren. So wurde in China eine Gattung namens *Epidendrosaurus* gefunden, die nur so groß wie ein Sperling war. Der *Compsognathus*, der vor etwa 150 Mio. Jahren lebte und dessen Überreste unter anderem in Bayern entdeckt wurden, wuchs etwa auf die Größe einer Hauskatze heran.

Das Dreihorngesicht

Eine der bizarrsten Dinosauriergestalten ist der Triceratops, das „Dreihorngesicht". Dieser massige Pflanzenfresser besaß einen mehr als 2 m langen Schild, der über seinen Nacken ragte. Ein kurzes Horn prangte auf seiner Nase, zwei deutlich längere über den Augen. Diese Hörner wurden wohl für Kämpfe untereinander oder zur Abwehr von Feinden eingesetzt.

Zu den Sauropoden mit langem Hals und kleinem Kopf gehörte auch der Dicraeosaurus – hier ein in Ostafrika gefundenes Skelett im Museum für Naturkunde in Berlin.

Gekrönte Drachen

Die Ahnen der Tyrannosaurier

Das Junggar-Becken in der chinesischen Provinz Xinjiang ist für Saurierforscher ein lohnendes Revier. Denn die Region, die mittlerweile zur Wüste Gobi gehört, war keineswegs immer so trocken wie heute. Zu Dinosaurier-Zeiten lag dort eine Wasserlandschaft, die eine große Vielfalt von Tieren angelockt hat.

Ein spektakulärer Fund

Zum Glück für die Wissenschaft haben Überreste dieser Fauna die Jahrmillionen sehr gut überdauert. Verendete Tiere wurden in mächtige Schlammschichten eingebettet, die längst verschwundene Seen und Flüsse abgelagert

---

Nasenschmuck

Ein Merkmal des „Gekrönten Drachen" scheint so gar nicht zur Lebensweise eines Raubtiers zu passen: Seine Nase ziert ein beeindruckender, aber zerbrechlicher Knochenkamm. Ein solcher empfindlicher Vorsprung kam als Waffe nicht infrage und konnte bei der Jagd nur hinderlich sein – wozu also leistete sich Guanlong *diese störende Verzierung? Seine Entdecker vermuten, dass er damit das andere Geschlecht beeindrucken wollte.*

---

haben und die dann mit der Zeit versteinerten. Inzwischen haben Wind und Wetter die 161 bis 156 Mio. Jahre alten Sedimente teilweise wieder freigelegt. Daher kommt man dort relativ leicht an uralte Knochen aus dieser Zeit. So sind chinesische und amerikanische Forscher in dieser Region auf den bisher ältesten Ahnen der berühmten Tyrannosaurier gestoßen. Die beiden dort entdeckten Skelette stammen aus der späten Jurazeit vor etwa 160 Mio. Jahren. Von den bunten Gesteinen des Fundorts inspiriert, tauften die Wissenschaftler die neue Art auf den Namen *Guanlong wucaii* – was aus dem Chinesischen übersetzt etwa „Der gekrönte Drache von den fünffarbigen Felsen" heißt.

Die bisher bekannten Überreste der Tyrannosaurier-Verwandtschaft stammen vor allem aus der Kreidezeit vor 144 bis 65 Mio. Jahren. Ihre Blütezeit erlebten die „Schreckensechsen" wohl in den letzten 20 Mio. Jahren dieser Epoche. Aus dem davor gelegenen Jura-Zeitalter dagegen sind die Funde äußerst spärlich. Wissenschaftler hatten zwar vermutet, dass es verwandte Arten auch schon damals gegeben habe. Doch ohne entsprechende Fossilien fehlte der Beweis dafür – bis der „Gekrönte Drache" aus seinem steinernen Grab auftauchte.

Flinke Jäger

Das bis dahin unbekannte Tier zeigt einerseits typische Merkmale der Tyrannosaurier wie die zu einer Einheit verschmolzenen Nasenknochen. Andererseits hat es aber auch Züge von weniger hoch entwickelten Sauriern, z. B. klingenförmige Zähne an der Seite des Kiefers und kräftige Hände mit drei Fingern. Auch das Becken der neuen Art ist eher primitiv. Aus dieser Kombination von urtümlichen und modernen Merkmalen schlossen die Forscher, dass *Guanlong* zu einer spezialisierten Entwicklungslinie in der frühen Evolution der Tyrannosaurier-Verwandtschaft gehört.

Am Gebiss des Tieres können Experten leicht ablesen, dass es sich um einen Fleischfresser handelte. Anders als seine späteren Verwandten war der „Gekrönte Drache" ein eher kleines Tier, das es in ausgewachsenem Zustand gerade auf 3 m Länge brachte. Das spricht dafür, dass die Art schnell auf den Beinen war. Sie musste sich also wohl nicht mit Aas begnügen, sondern konnte erfolgreich andere Tiere zur Strecke bringen. Nach Ansicht seiner Entdecker hat *Guanlong* wahrscheinlich pflanzenfressenden Dinosauriern nachgestellt. Möglicherweise haben sich die flinken Räuber sogar zu Gruppen zusammengeschlossen, die gemeinsam auf die Jagd gingen.

Der älteste bekannte Vorfahre des gefürchteten Tyrannosaurus rex ist der in Nordwestchina entdeckte Guanlong wucaii. Als besonderes Merkmal besaß der Dinosaurier einen großen und empfindlichen Nasenkamm.

Gigant unter den Raubtieren
Spezialist für schnelles Wachstum: der Tyrannosaurus rex

Den Wettbewerb um den Titel „bekanntester Dinosaurier der Welt" würde *Tyrannosaurus rex* wohl mit Abstand gewinnen. Zähne wie Steakmesser, ein massiger Schädel und ein Körper, der es leicht auf mehr als 12 m Länge und 5 bis 7 t Gewicht bringt – ihre imposante Statur macht die „Tyrannenechse" zum Star von Museumsausstellungen, Filmen und Kinderbüchern. Seit sie am Ende der Kreidezeit vor 65 Mio. Jahren ausgestorben ist, hat die Evolution kein Landraubtier von solchen Dimensionen mehr hervorgebracht.

Vermessung eines Giganten

Wie aber sind die Tiere zu solchen Riesen geworden? Diese Frage gehörte lange zu den großen Rätseln der Dinosaurierforschung. Es gibt grundsätzlich zwei Möglichkeiten, sehr groß zu werden: Bis ins hohe Alter wachsen oder sehr schnell zunehmen. *Tyrannosaurus rex* setzte auf Letzteres, schließen Wissenschaftler aus genauen Vermessungen von Knochen. Demnach haben die Riesenechsen als „Teenager" pro Tag bis zu 2 kg Gewicht zugelegt, sodass sie schließlich zu mehr als 5000 kg schweren Giganten heranwuchsen. Das Alter eines Dinosauriers bestimmt man ähnlich wie das eines Baumes: Man zählt die Jahresringe, die zu Lebzeiten des Tieres in seinen Knochen aufeinander geschichtet wurden. Aus dem Umfang der jeweiligen Oberschenkelknochen kann man zudem berechnen, wie schwer die Tiere in den einzelnen Altersstufen waren. Das Spektrum der Körpermassen reichte bei untersuchten Skeletten von knapp 30 bis zu mehr als 5600 kg. Aus den Werten für Gewicht und Alter lassen sich Kurven erstellen, die zeigen, wie rasch die jeweilige Saurierart gewachsen ist.

Schnell leben, jung sterben

Diese Kurven verraten, wie *Tyrannosaurus rex* zum Giganten unter den Raubtieren der Erdgeschichte werden konnte: Zwischen seinem 14. und 18. Lebensjahr nahm er rasant um fast 3000 kg zu. Danach war er wohl weitgehend ausgewachsen. Das schließen die Forscher aus den nur noch schmalen Jahresringen, die in den letzten Lebensjahren der Tiere abgelagert wurden, deren Erwachsenenleben wohl nur etwa zehn Jahre dauerte.

Die Wachstumskurven verwandter Echsen wie der Albertosaurier, Gorgosaurier und Daspletosaurier verlaufen dagegen bei Weitem nicht so steil. Auch diese Fleischfresser hatten zwar eine etwa vier Jahre dauernde Phase, in der sie besonders rasch wuchsen. Allerdings nahmen sie statt 2 kg nur zwischen 310 und 480 g pro Tag zu. Sie brachten es damit nur auf Gewichte bis zu 1800 kg. *Tyrannosaurus rex* ist also nicht länger gewachsen als seine Verwandten und Vorfahren, sondern einfach schneller. Damit hat der Riese der Kreidezeit einen anderen Weg eingeschlagen als Krokodile und Eidechsen. Diese haben die eher langsame Wachstumsgeschwindigkeit ihrer Vorfahren beibehalten und stattdessen ihre Wachstumsphase verlängert. Während *Tyrannosaurus rex* mit etwa 30 Jahren starb, kann ein modernes Krokodil wohl um die 100 Jahre alt werden. Und es wächst sein Leben lang.

> ### Räuber oder Aasfresser?
>
> *In letzter Zeit hat der* Tyrannosaurus rex *einiges von seinem Image als hochgefährliches Raubtier eingebüßt. Unter Wissenschaftlern wird heftig diskutiert, ob er tatsächlich ein aktiver Jäger oder doch nur ein Aasfresser war. Das riesige Tier sei gar nicht schnell genug gewesen, um Beute zu machen, lautet ein Argument. Dieser Streit ist noch nicht entschieden.*

Die Tyrannosaurier bewegten sich auf ihren säulenförmigen Hinterbeinen fort. Die vorderen Extremitäten waren verkümmert.

Schlangen mit Hüften und Beinen

Die ersten Schlangen lebten unterirdisch

Schlangen sind hervorragend getarnt: In freier Natur sieht der Mensch sie meist erst, wenn die Schuppentiere vor ihm fliehen. Diese Schuppen sind ein Indiz für ihre Zugehörigkeit zu den Reptilien. Die Familiengeschichte der Schlangen konnten Evolutionsbiologen bisher nur teilweise klären.

Unklare Abstammung

Vor 100 bis 140 Mio. Jahren spalteten sich die Schlangen von ihren Vorfahren ab. Dazu zählten mit Sicherheit die Echsen, unter denen die Warane als Favoriten für die Ahnengalerie der Schlangen gelten. Damit aber gehört auch die Blindschleiche in die engere Verwandtschaft – zu diesen Schleichenartigen gehören auch die Krustenechsen und Warane. Genau wie die

> ### Uralte Ängste
>
> *Zwei Gründe werden als Ursache für die Furcht vieler Menschen vor Schlangen diskutiert. So könnte die schlängelnde Fortbewegung ohne Beine ungewohnt und damit unheimlich wirken. Oft wird auch das Schlangengift genannt. Allerdings sind von rund 3000 Schlangenarten nur 400 giftig und nur 50 Arten können mit ihrem Gift einen Menschen töten.*

Schlangen haben auch Warane eine gespaltene Zunge, mit der die Vertreter beider Gruppen nichtflüchtige Duftstoffe sozusagen Stereo riechen können. Die Schädel und vor allem der Unterkiefer von Waranen und Schlangen ähneln sich ebenfalls verblüffend. Bei beiden Gruppen ist auch jeweils der linke Lungenflügel stark verkleinert, während der rechte sich bei manchen Seeschlangen vom Kopf bis zum After zieht.

Grabende Ahnen

Lange Zeit hielten Evolutionsbiologen solche Seeschlangen, die ihr gesamtes Leben im Wasser verbringen, für die ersten Schlangen. Wie andere Tiere auch, die vom Land ins Wasser zurückkehrten, hätten sie ihre nutzlos gewordenen Beine nach und nach verloren und sich stattdessen schlängelnd vorwärts bewegt. Die ältesten Fossilienfunde von Schlangen gehören tatsächlich Meeresreptilien, die zwar noch Beine, aber keine Hüfte mehr haben.

Diese Überlegung erschütterten im Jahr 2006 südamerikanische Forscher, die in Patagonien die mehr als 65 Mio. Jahre alten Überreste einer primitiven Schlange untersuchten. Das Reptil hatte sowohl eine Hüfte als auch Beine. Und weil nach der Dolloschen Regel im Ver-

lauf der Evolution Organe zwar verloren gehen, diese dann aber nicht mehr neu entstehen können, sollte das Fossil aus Patagonien in der Stammesgeschichte älter als die vorher gefundenen Schlangenfossilien sein. Die eigentliche Überraschung an dieser Urschlange aber war die Form der Beine: Sie eignen sich viel besser zum Graben oder Kriechen als zum Laufen. Das deutet auf ein Leben im Untergrund hin, wo Beine eher hinderlich sind. Mit der Zeit könnten die ersten Schlangen unter der Erde also ihre nutzlos gewordenen Beine verloren haben.

Eine ähnliche Entwicklung kennen Evolutionsbiologen auch von anderen Tiergruppen wie den mit den Schlangen weitläufig verwandten Schleichen und Doppelschleichen, die ihre Beine ebenfalls mit der Zeit weitgehend verloren haben. Tatsächlich halten viele Menschen Blindschleichen für Schlangen, obwohl sie eher Eidechsen ohne Beine sind. Aber auch bei den viel weiter entfernten Amphibien haben sich die Schleichenlurche an ein Leben unter der Erde angepasst und dabei ihre Beine verloren und einen langen Körper entwickelt.

Skelett einer fossilen Schlange mit Beinansätzen. Das 95 Mio. Jahre alte Fossil haben Forscher bei Jerusalem ausgegraben.

Die Ahnen der Vögel
Saurier mit Daunenkleid: die Erfindung der Feder

Wie sind die Vögel zu ihren Federn gekommen? Über diese Frage hat es in Wissenschaftlerkreisen schon einigen Streit gegeben. Klar ist, dass der Urvogel *Archaeopteryx* schon ein echtes Federkleid besaß. Doch was war mit seinen Ahnen? Gab es auch Reptilien, die ihre Körper in solche Strukturen gehüllt haben? Viele Wissenschaftler bezweifelten das. Doch seit den 1990er-Jahren sind in China etliche Fossilien aufgetaucht, die Dinosaurier mit Spuren von Federn zeigen.

Der Jahrtausend-Dino

Da ist beispielsweise ein etwa 40 cm großes Tier, das seine Entdecker auf den Namen *Sinornithosaurus millenii* getauft haben – was soviel bedeutet wie „der chinesische vogelartige Saurier des Jahrtausends". Die kleine, fleischfressende Echse lief vor 125 Mio. Jahren auf den Hinterbeinen durch die Landschaft der Kreidezeit. In ihrem Skelett finden sich etliche Gemeinsamkeiten mit dem Knochenbau der Vögel. Trotzdem ist *Sinornithosaurus* kein Vogel, sondern ein echtes Reptil. Er gehört zu einer Gruppe von fleischfressenden Echsen, die Wissenschaftler Dromaeosaurier nennen. Im Gestein um das Skelett des „Jahrtausendsauriers" fanden die Forscher feine Abdrücke, die sie als Überreste eines Gefieders

interpretieren. Eine moderne Vogelfeder besteht aus Keratinfädchen, die in einer komplexen verzweigten Struktur angeordnet sind. Dieser Aufbau unterscheidet Federn beispielsweise von den unverzweigten Haaren der Säugetiere. Federtypische Verzweigungen aber fanden chinesische und amerikanische Wissenschaftler auch bei den Strukturen am Körper von *Sinornithosaurus*. Eine Gruppe dieser Anhängsel besteht beispielsweise aus einzelnen kleinen Fäden, die an der Basis

Warmes Blut?

Statt zum Fliegen könnten die chinesischen Saurier ihre Federn als Kälteschutz eingesetzt haben - nutzen doch auch heutige Federbesitzer ihr feines Daunenkleid, um ihren Körper nach außen zu isolieren und die Körperwärme festzuhalten. Allerdings sind moderne Vögel Warmblüter, die ihre Körpertemperatur auf relativ konstanter Höhe halten. Heutige Reptilien dagegen sind Wechselblüter, die ihren Körper nach einer kühlen Nacht erst in der Sonne aufheizen müssen. Einige Wissenschaftler schließen aus dem Federkleid mancher Dinos, dass auch diese schon Warmblüter gewesen sein könnten. Andere halten das für pure Spekulation.

zusammenhängen. Genau die gleichen Büschel finden sich noch heute im Daunengefieder von Vogelküken.

Federbesitzer am Boden

Noch vogelähnlicher war der Körperschmuck von zwei anderen in China gefundenen Sauriern namens *Caudipteryx* und *Protarchaeopteryx*, die ebenfalls aus der Kreidezeit stammen. Statt einzelner feiner Fäden hatten diese Tiere schon richtige Federn mit einem Kiel in der Mitte und zu sogenannten Fahnen zusammengehakten Fäden auf beiden Seiten. *Caudipteryx* besaß beispielsweise abstehende Federn am Schwanz und an den relativ kurzen Armen, sein 70 bis 90 cm großer Körper war vermutlich mit Daunen bedeckt.

Eines aber hatten alle diese kreidezeitlichen Federtiere gemeinsam: Sie konnten vermutlich nicht fliegen. Denn dazu brauchen Tiere in der Regel asymmetrische Federn an den Flügeln wie sie heutige Vögel besitzen. Auch der *Archaeopteryx* hatte diese Erfindung schon gemacht. Die chinesischen Saurier dagegen hatten ihr Kleid aus symmetrisch gebauten Federn zusammengestellt. Die Erfindung der Feder könnte also schon aus Zeiten stammen, in denen sich noch kein Wirbeltier mit ihrer Hilfe in die Luft erhoben hatte.

Die Geschichte des Federkleids, das diesen Seevögeln

das Fliegen erlaubt und gleichzeitig als Kälteschutz

dient, reicht weit hinter den Urvogel

Archaeopteryx *zurück.*

Ein Missing Link verleiht der Evolutionstheorie Flügel

Der Urvogel Archaeopteryx

Charles Darwin konnte seine 1859 veröffentlichte Evolutionstheorie drehen und wenden wie er wollte, sie hatte einen gewaltigen Haken: So überzeugend sein „Survival of the Fittest" auch in der Theorie die Entwicklung neuer Eigenschaften erklärte, so schwierig war ein praktischer Beweis. Wenn sich langsam Eigenschaften entwickeln und jeweils die Individuen mit den etwas besseren Eigenschaften überleben und sich fortpflanzen, dann sollten auch Zwischenformen existieren, die eine solche Eigenschaft mitten in der Entwicklung zeigen. Einen „Missing Link" nennen Evolutionsbiologen eine solche Übergangsform.

Fehlende Übergangsform

Einen solchen Missing Link aber kannte in der Mitte des 19. Jh. niemand, Charles Darwin musste sich als Theoretiker verspotten lassen. „Wo bleibt denn die Übergangsform, die halb Landlebewesen und halb Vogel ist", fragten seine Kritiker höhnisch und provozierend. Nur zwei Jahre nach der Veröffentlichung seiner Evolutionstheorie aber kam ein Paukenschlag aus Bayern: Auf der Langenaltheimer Haardt bei Solnhofen wurde ein Tier gefunden, das einem zweibeinigen Dinosaurier ähnelte, dessen Vorderbeine sich aber eindeutig zu richtigen Flügeln mit Federn entwickelt hatten. Plötzlich war der Missing Link da und bewies die Evolutionstheorie. Die Flügel des *Archaeopteryx* genannten Urvogels aber verliehen auch der Evolutionstheorie Flügel. Ohne diesen Fund wäre Charles Darwin vielleicht sogar wieder vergessen worden.

Zu schwer zum Fliegen

Dieser *Archaeopteryx* ist wirklich echt – das beweisen inzwischen zehn weitgehend vollständige Exemplare des taubengroßen Vogels, die alle in der Nähe von Solnhofen gefunden wurden.
Richtig fliegen aber konnte *Archaeopteryx* wohl noch nicht. So erinnert sein Knochenkiefer mit etlichen Zähnen nicht nur an seine Dinosauriervorfahren – er machte das Tier zudem recht schwer. Auch hatte der Urvogel noch den langen Schwanz der Saurier, der mit Federn geschmückt zwar hübsch aussah, aber eben auch zusätzliches Gewicht brachte.

Der Gleitflieger

Vom Boden starten konnte der *Archaeopteryx* wohl kaum. Das Tier musste daher vermutlich von Bäumen oder Bergen aus zu Gleitflügen starten. Auch in dieser Hinsicht ist der *Archaeopteryx* also ein echter Missing Link.

Auch sonst ist der Urvogel eine interessante Mischung: Zähne, Schwanz und verschiedene Knochenformen stammen noch von den Dinosauriern. Schwungfedern und die zur Seite oder nach hinten gerichtete erste Zehe aber sind typisch für die späteren Vögel. Der *Archaeopteryx* sieht also genau so aus, wie man sich eine Zwischenform vorzustellen hat.

Hohe Rendite für ein Fossil

Manche Fossilien zeigen Wertsteigerungen, von denen normale Anleger nur träumen können. Als der Landwirt Jakob Niemeyer zwischen 1874 und 1876 auf dem Blumenberg bei Eichstätt das zweite vollständige Skelett eines Archaeopteryx fand, tauschte er seinen Fund gegen eine Kuh im Wert von 75 bis 90 Euro ein. Bald darauf verkaufte der neue Besitzer die Fossilien für umgerechnet 1000 Euro weiter. Als der Industrielle Werner von Siemens dann 1879 diesen Urvogel kaufte, hatte sich der Preis auf 10 000 Euro vervielfacht. Siemens verlieh das Exemplar an das Museum für Naturkunde der Berliner Humboldt-Universität, die ihm zwei Jahre später den Kaufpreis erstattete. Seit dem Jahr 2007 ist dieser Archaeopteryx dauerhaft in Berlin ausgestellt.

Ein versteinerter Archaeopteryx. Deutlich sind die
Flügelfedern an den ehemaligen Vorderbeinen und
die Federn am Schwanz des Tieres zu erkennen.

Das Fliegen liegt in der Luft

Wie sich Flügel entwickelt haben

Nicht nur die Dinosaurier haben das Fliegen gelernt und den eleganten Vogelflug entwickelt, auch bei den Säugetieren gibt es rasante Flieger wie die Fledermäuse. Deren Spuren verlieren sich vor 51 Mio. Jahren im Dunkel der Vergangenheit.

Eichhörnchen im Gleitflug

Weit mehr als doppelt so alt – 125 Mio. Jahre – sind die Fossilien eines in der Inneren Mongolei gefundenen Tieres, das einem Eichhörnchen stark ähnelt. Schon damals spannte sich eine Flughaut mit wärmendem Pelz zwischen den Beinen und dem Schwanz des wohl kaum 500 g schweren Tieres.

Säugetiere haben das Fliegen also ähnlich früh wie Vögel gelernt, der Urvogel *Archaeopteryx* tauchte vor rund 150 Mio. Jahren erstmals auf. Genau wie der Urvogel konnte wohl auch dieses Säugetier zumindest im Gleitflug von Bäumen segeln.

Darwins selbst gestellte Falle

Für Evolutionsbiologen ist dieser Fund ähnlich wichtig wie der des *Archaeopteryx*. Denn während dessen Verwandte ausgestorben sind, leben die Gleithörnchen genannten Verwandten des vor 125 Mio. Jahren geflogenen Säugetiers noch heute. An ihnen können die Forscher daher sehr gut untersuchen, wie am Boden lebende Tiere das Fliegen lernen konnten.

Ein wichtiges Argument gegen die Evolutionstheorie war nämlich bereits in der Zeit von Charles Darwin, dass sich so komplexe Organe wie ein Flügel kaum in kleinen Schritten entwickeln könnten. Der Wissenschaftler hatte sich mit seinen Missing Link genannten Zwischenstufen anscheinend selbst eine Falle gebaut. Denn wie sollte diese Zwischenstufe zum Flügel eines Albatros aussehen, der den größten Teil seines Leben elegant schwebend über den Ozeanen verbringt?

Wie ein Gleithörnchen, lautet die ebenso einfache wie verblüffende Antwort. Tatsächlich liefert die Beobachtung der Gleithörnchen wichtige Hinweise auf die Entwicklung der Vogelflügel.

Bei diesen Tieren spannt sich zwischen Vorder- und Hinterbeinen eine Haut, die von einem sichelförmigen Knochen an der Handwurzel straff gespannt wird. Springt das Gleithörnchen von einem Ast und spreizt dabei die Beine ab, wirkt diese Haut wie ein Gleitschirm und hält die Tiere ein wenig in der Luft. Richtig Segelfliegen können die Gleithörnchen zwar nicht, aber immerhin 50 m weit gleiten. Und das reicht, um z. B. einem Marder zu entkommen. Riesengleithörnchen kommen unter günstigen Bedingungen sogar fast 500 m weit.

Damit könnte auch geklärt sein, wie der Flügel sich entwickelte: Zunächst half er den Tieren lediglich, auf der Flucht vor einem Verfolger für einige Momente in der Luft zu bleiben und so Vorsprung vor dem Feind zu gewinnen. Oder sie jagten im Gleitflug Insekten.

Dieses In-der-Luft-Gleiten wurde dann immer weiter verbessert, bis im Zuge der Evolution irgendwann ein richtiger Segelflieger entstand, der vielleicht schon ein wenig dem Albatros ähnelte.

Federn statt Haut

Aus den ersten Gleitern entstanden im Lauf der Jahrmillionen so hervorragende Flieger wie der Mauersegler bei den Vögeln oder die Fledermaus bei den Säugetieren. Der Auftrieb funktioniert bei beiden nach dem gleichen Prinzip aber mit einer völlig anderen Konstruktion: Fledermäuse spannen eine Flughaut zwischen den Beinen auf. Vögel dagegen verlassen sich auf Federn, die auch dem Archaeopteryx schon zum Gleitflug verhalfen.

Die Abbildung zeigt ein Flughörnchen beim Gleiten.
Der Gleitflug dient vor allem der schnellen Flucht.

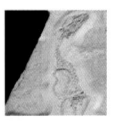

Ein Fund aus Bayern sorgt für Turbulenzen
Warum hatte der Juravenator keine Federn?

Manche neu entdeckten Fossilien wie die 1998 im Altmühltal in Bayern gefundenen Reste eines Dinosauriers werfen ganze Theorien über die Entwicklung von Arten über den Haufen. Das gilt für den Fall des 150 Mio. Jahre alten hühnergroßen Raubsauriers *Juravenator* (Jurajäger), dessen Fossilien keinerlei Spuren von Federn im Schwanzbereich zeigen.

Alte Federn

Nun würde ein Laie für einen Dinosaurier vielleicht Schuppen oder eine Lederhaut erwarten, aber kaum ein Federkleid. In China aber wurden am Ende des 20. und zu Beginn des 21. Jh. eine ganze Reihe 125 Mio. Jahre alter Saurierfossilien mit Spuren von Federn

gefunden. Alle Tiere gehören in eine Gruppe der Riesenechsen, die Experten als Coelurosaurier oder Hohlschwanzechsen kennen. Aus dieser Gruppe heraus aber haben sich auch die Vögel entwickelt. Also nahm man einfach an, nicht die Vögel hätten die ersten Federn getragen, sondern schon ihre Vorfahren, die Coelurosaurier.

Der *Juravenator* aus Bayern aber – ganz nebenbei der besterhaltene fleischfressende Dinosaurier, der jemals in Europa gefunden wurde – gehört zu diesen Hohlschwanzechsen. Die großen Augen und die noch nicht verwachsenen Fugen zwischen bestimmten Knochen zeigten den Wissenschaftlern, dass sie ein junges Tier vor sich hatten. Mit seinem überlangen Schwanz maß die kleine Echse 75 cm. 1,5 bis 2 m lang hätte das Tier wohl werden können.

Die Zähne eines Räubers

Seinen Speiseplan lasen die Forscher aus den Zähnen ab: Diese sind sichelförmig gebogen und haben geriffelte Schneidekanten – hervorragend geeignet, um Fleischstücke abzubeißen. Mit den kräftigen Krallen an den Beinen hielt *Juravenator* wohl seine Beute fest, ein typischer Fleischfresser war aus dem Kalk aufgetaucht.

Beleuchtete man den Kalk mit ultraviolettem Licht, erkannte man im Schwanzbereich sogar Spuren der Haut. Nur von Federn, die eigentlich bei allen Hohlschwanzechsen da sein sollten, zeigte sich keine Spur.

Das Rätsel der Federn

Vielleicht haben sich Federn überhaupt erst später entwickelt, könnte man vermuten. Die gefiederten Saurier aus China sind schließlich alle mindestens 25 Mio. Jahre jünger als *Juravenator*.

Dazu passt aber nicht, dass in Süddeutschland zur gleichen Zeit wie der *Juravenator* eine andere Art mit Federn lebte: der *Archaeopteryx*. Die Geschichte der Feder muss also neu durchdacht werden.

Es ist möglich, dass Federn mehrmals „erfunden" wurden. Erst hätten die Vorfahren des Urvogels sie entwickelt, 25 Mio. Jahre später wäre den Vorfahren der gefiederten Saurier in China das Gleiche geglückt. *Juravenator* würde dann zu einem anderen Zweig gehören, der nie Federn hatte.

Denkbar ist auch, dass das Prinzip Feder relativ früh entstanden ist, aber bisher noch nie in Fossilien gefunden wurde. Manche Arten wie der *Juravenator* hätten ihr Federkleid dann eben wieder verloren.

Nacktes Jungtier?

Vielleicht war der Juravenator *einfach zu jung und ihm wären erst später im Leben Federn gewachsen, könnte man vermuten. Schließlich schlüpfen auch manche Vögel nackt und hilflos aus dem Ei. Aber diese Nesthocker haben sich viel später als der* Juravenator *entwickelt. Die ursprünglichen Vögel dagegen waren Nestflüchter, die in einem wärmenden Kleid aus Daunenfedern aus den Eiern schlüpften.*

Juravenator *zählt zu einer Dinosauriergruppe,*
von der man eine ganze Reihe befiederter Exemplare
kennt. Unter ihnen sind auch die Ahnen der Vögel
zu suchen. Dennoch zeigt der Neufund des
Jura-Museums Eichstätt im Schwanzbereich des
Tieres, wo die Weichteile exzellent erhalten sind,
keine Hinweise auf Federn.

Riesenvogelsaurier aus der Kreidezeit

Ein Gigant in der Familie der Oviraptoren verblüfft die Wissenschaft

Manchmal stoßen Forscher auf Fossilien mit Wesen, die man sich lebendig kaum vorstellen kann. Bei anderen Funden benötigt man dagegen nicht viel Fantasie, um die Tiere vor dem inneren Auge zum Leben zu erwecken. Das gilt für den in der Inneren Mongolei gefundenen *Gigantoraptor erlianensis*. Der ähnelte nämlich stark dem mit 150 kg Gewicht größten heute auf der Erde lebenden Vogel, dem Strauß. Die Dimension des Tieres allerdings war eine andere ...

Elefantendimensionen

Gigantoraptor hatte nämlich eher Elefantenausmaße: Schlanke Beine trugen 3,5 m über dem Boden eine gewaltige Hüfte und mit rund 1400 kg wog das 8 m lange Tier so viel wie ein Nashorn. Vor allem aber war *Gigantoraptor* kein Riesenvogel, sondern ein Dinosaurier, der vor 80 bis 85 Mio. Jahren in enormem Tempo über die Ebenen der heutigen Inneren Mongolei stürmte.

Besonders die Größe dieses Tieres verblüfft die Saurierexperten. Zwar gab es erheblich größere Saurier wie die Sauropoden, deren größter Vertreter 40 m lang war und wahrscheinlich 100 t auf die Waage brachte. Bei den Sauropoden aber gab es viele sehr große Arten, während die Oviraptorosaurier genannte Ver-

wandtschaft des *Gigantoraptor* eher die Größe von Hühnern oder Hunden hatte.

Dinos und Hühner

Einem Huhn oder anderen Vögeln aber ähneln die Oviraptoren recht verblüffend. Genau wie Vögel hatten sie meist keine Zähne, sondern Schnäbel, vor dem Auskühlen schützten sie ihren Körper mit Federn und ihre Füße können die Augen eines Laien kaum von einem modernen Vogelfuß unterscheiden. Wie heutige Vögel auch liefen Oviraptoren auf zwei relativ schlanken Beinen recht flott durchs Gelände. Viele dieser Tiere verschluckten wie moderne Vögel auch Steine, die im Magen wie eine

---

Kahl wie ein Nashorn?

Spuren von Federn gibt es am Körper des Riesenvogelsauriers Gigantoraptor *keine. Ähnlich wie heutige Elefanten oder Nashörner auf ein dichtes Fell verzichten, könnte auch* Gigantoraptor *kahl gewesen sein: Je größer ein Tier ist, umso weniger Körperwärme verliert es durch seine Oberfläche. In der warmen Kreidezeit fiel der Verzicht auf wärmende Federn daher leicht. Trotzdem aber ähnelt er einem überdimensionalen Strauß verblüffend.*

Mühle Pflanzenteile zermahlten, die der Schnabel nicht klein bekam.

Zur engen Verwandtschaft der Vögel gehören die Oviraptoren vor 80 bis 70 Mio. Jahren allerdings nicht, sind die ersten Vögel doch bereits für die Zeit vor 150 Mio. Jahren nachgewiesen. Aber etliche Eigenschaften dieser Vögel erwiesen sich auch für die Oviraptoren als praktisch und so ähnelten etliche von ihnen den modernen Vögeln mehr als die ersten Vögel selbst.

Warmes Klima

Als sich der *Gigantoraptor* entwickelte, war die Situation für große Arten viel günstiger als heute, weil das Klima wärmer war und die Luft mehr Sauerstoff als heute enthielt. Vor 65 bis 68 Mio. Jahren lebte auch der *Tyrannosaurus rex*, ein Raubsaurier mit bis zu 7 t Gewicht und 12 m Länge. Ein ähnlich großer Verwandter des *Tyrannosaurus rex* lebte auch zur Zeit des *Gigantoraptor*.

Zum Glück hatte der Riesenvogelsaurier aber viele Eigenschaften seiner kleineren Verwandten behalten und war beispielsweise auf zwei relativ schlanken Beinen unterwegs Damit dürfte *Gigantoraptor* im Sprint selbst den großen Raubsauriern seiner Zeit entkommen sein.

Die Geschichte des Lebens

Ähnlich wie dieser Strauß, aber zehn Mal schwerer,
stürmte vor 80 Mio. Jahren der Dinosaurier
Gigantoraptor erlianensis über die Ebenen
Zentralasiens.

Riesenpinguine der Urzeit

Vögel spezialisieren sich zum Unterwasserjäger

Als wenige Hundert Kilometer südlich der peruanischen Hauptstadt Lima die versteinerten Knochen längst ausgestorbener Pinguine aus dem Gestein der Küstenwüste auftauchten, musste im Jahr 2007 die Entwicklungsgeschichte dieser Vögel umgeschrieben werden. Evolutionsbiologen wundern sich über solche Umstürze ihrer bisherigen Annahmen schon lange nicht mehr. Dazu sind sie viel zu häufig. Es gibt einfach zu wenige Fossilien, um daraus zuverlässig ein Bild von der Entwicklung aller Arten zeichnen zu können. Tauchen neue Knochen auf, ergibt sich für die betroffenen Arten häufig ein völlig neues Bild.

Kleine Tiere lieben Wärme

Bisher hatten Paläontologen angenommen, Pinguine hätten sich im tiefen Süden unter kalten Bedingungen entwickelt. Erst als sich vor 4 bis 8 Mio. Jahren das Klima auf der Erde abkühlte, hätten Pinguine die Küsten bis fast zum Äquator erobert, an denen sie heute noch leben. Die Pinguine an den Küsten Perus, Chiles und Argentiniens sind heute deutlich kleiner als ihre Verwandten in den Gewässern um die Antarktis, weil im milden Klima ein kleiner Körper wenig Wärme verliert. Also sollten nach bisheriger Lehrmeinung die ersten Pinguine dort klein gewesen sein.

Riesenvogel

Die in Peru gefundenen Knochen aber zeigen eine ganz andere Geschichte: Sie sind rund 40 Mio. Jahre alt und stammen damit aus der wärmsten Epoche der letzten 65 Mio. Jahre. An den heißen Küsten dieser Zeit aber lebten nicht etwa Zwergpinguine, sondern wahre Riesen: Eine der gefundenen Arten war mit 1 m Körpergröße ungefähr so groß wie die heutigen Königspinguine, während die andere Art ihren gefährlich aussehenden, fast 18 cm langen Schnabel beim Landgang mindestens in 150 cm Höhe über den Boden trug.

Auch nach diesen Funden verstehen die Forscher nur einen kleinen Teil der Geschichte der Pinguine. Eigene Wege watscheln die Vögel

---

Gefährliche Tropen

Auf der Nordhalbkugel der Erde ist bisher kein einziges Pinguinfossil entdeckt worden. Forscher sind sich daher sicher, dass die flinken Schwimmer sich auf der Südhalbkugel entwickelt und die warmen Meeresströmungen in Äquatornähe dann eine Ausbreitung nach Norden verhindert haben. Obendrein gibt es in den Tropen sehr viele Raubfische wie Haie, die unter Wasser noch flinker als Pinguine sind.

---

mit dem charakteristischen schwankenden Gang jedenfalls seit mehr als 55 Mio. Jahren. Wie die meisten Vögel flogen ihre Vorfahren, konnten aber auch tauchen und dabei Beute machen.

Flügel zu Flossen

Beim Fliegen in der Luft und beim Schwimmen unter Wasser aber sind jeweils andere Flügelformen optimal. Bei einem spezialisierten Unterwasserjäger entwickeln sich deshalb die Flügel im Lauf der Zeit langsam zu Flossen, die zum Fliegen kaum oder gar nicht mehr geeignet sind. Gleichzeitig verlagern sich die Beine nach hinten und zwingen die Vögel so zu einem Watschelgang an Land. Unter Wasser aber verringern solche Beine den Strömungswiderstand beim schnellen Tauchen.

Neuseeland als Pinguinwiege

Diese Entwicklung zum eleganten Schwimmer aber klappt nur, wenn der schlechtere Gang an Land und das fehlende Flugvermögen die Tiere nicht rasch im Maul von Raubtieren enden lassen. Man vermutet daher, die Pinguine könnten sich auf Neuseeland entwickelt haben. Dort gibt es wohl seit 80 Mio. Jahren keine einheimischen Landraubtiere mehr. Alternativ wird auch die Antarktis diskutiert.

Die Ahnen der Pinguine – hier zwei Königspinguine, Vertreter der zweitgrößten noch lebenden Art – entwickelten ihre Flügel zu Flossen. Damals wie heute bevorzugen diese Vögel Brutplätze ohne Landraubtiere.

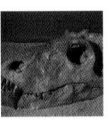

Wurzeln im Dunkeln

Die Herkunft der Säugetiere ist noch nicht geklärt

Ein Fell aus Haaren, ein typisches Gebiss mit vier verschiedenen Zahnarten wie Schneide-, Eck- und zwei Typen von Backenzähnen, Gehörknöchelchen und Kiefergelenk sowie Milchdrüsen, aus denen der Nachwuchs gefüttert wird – diese Eigenschaften sind typisch für die seit dem Aussterben der Dinosaurier recht erfolgreiche Tierklasse der Säugetiere, Dazu gehört auch jene Art, die sich selbst *Homo sapiens* oder schlicht „Mensch" nennt. Säugetiere dominieren seit dem letzten Massenartensterben zumindest innerhalb der großen Tiere auf dem Planeten. Sie haben sozusagen den Thron übernommen, den die Saurier räumen mussten.

Stammbaum ungeklärt

Bei der Stammesgeschichte aber geht es den Säugetieren nicht anders als anderen Tierklassen: Ihre Wurzeln verlieren sich im Dunkeln. Klar ist nur, dass der Urahn ein Reptil war. Vor 240 Mio. Jahren stapfte eine *Cynognathus* genannte Echse durch Südamerika, deren 40 cm langer Schädel einem Hundekopf verblüffend ähnelte. Vermutlich hatte diese Mischung zwischen Reptil und Säugetier schon ein Fell. Genau wie die noch heute lebenden urtümlichen Schnabeltiere und Ameisenigel legte *Cynognathus* aber noch Eier, die mit ihrer lederähnlichen Schale eher Reptilien- als Vogeleiern glichen. Anstelle von Zitzen haben die Weibchen der Schnabeltiere Felder mit Milchdrüsen, von denen die frisch geschlüpften Jungen die Milch ablecken.

Nahrhafte Haut

Ein Modell für dieses namensgebende Säugen ist der ungefähr 30 cm lange Schleifenlurch *Boulengerula taitanus*. Die Schleifenlurch-

mutter verwandelt nämlich ihre äußerste Hautschicht in eine nahrhafte Substanz, die vom Nährwert her der Milch von Säugetieren ähnelt. Dem Nachwuchs wachsen spezielle Zähnchen, mit denen er die nahrhafte Haut von der Mutter abpellen kann, ohne diese zu verletzen. Dieses Tier zeigt daher einen möglichen Übergang vom Eierlegen zur Geburt unabhängig lebender Nachkommen. Diese sind nicht mehr von den Nährstoffen im Ei abhängig und nach deren Verbrauch auf sich selbst angewiesen. Sie müssen vielmehr noch einige Zeit von der Mutter mit nahrhafter Milch versorgt werden.

Bisher hat allerdings niemand die Überreste eines Tieres gefunden, das guten Gewissens als erstes echtes Säugetier bezeichnet werden könnte. Die Nachkommen dieses fehlenden Ursäugers jedenfalls wimmelten vor 160 Mio. Jahren als einer Spitzmaus ähnliche Tiere im Schatten der Dinosaurier umher. Als diese ausstarben, eroberten die Säugetiere die frei gewordenen Lebensräume und entwickelten sich zu Rüsseltieren und Affen, Walen und Robben, Fledermäusen und Huftieren.

Zu den säugetierähnlichen Reptilien gehört auch der Titanophoneus potens *aus der späten Permzeit, dessen Schädel hier abgebildet ist.*

Die Biber-Otter-Robbe aus dem Jura
Revolution in der Geschichtsschreibung über die Säugetiere

„Das sieht nach einem üblen Scherz aus", dachten viele Paläontologen, als chinesische Wissenschaftler ihre Untersuchung der versteinerten Knochen und Haare einer in der Inneren Mongolei in Nordchina gefundenen neuen Art veröffentlichten: Kopf und vor allem Zähne des rund 50 cm langen Tieres ähneln denen einer Robbe, das Fell könnte einem Fischotter gehören und der platte Schwanz gleicht mit seinen Schuppen aus Horn einem Biberschwanz so verblüffend, dass die Forscher das Tier *Castorocauda lutrasimilis* tauften – was übersetzt Biberschwanz-Fischotter-Verwandter bedeutet.

Im Schatten der Dinos
Gegen einen üblen Scherz spricht allerdings der Fundort: Die Reste dieser Biber-Otter-Robbe entdeckten die Forscher in einer Gesteinsschicht, die recht genau 164 Mio. Jahre alt ist. Und das wiederum elektrisiert die Fachwelt und bringt ein Dogma ins Wanken, dem Evolutionsbiologen lange anhingen: Erst als die Dinosaurier vor 65 Mio. Jahren beim Einschlag eines kosmischen Boliden vom Erdboden gefegt wurden, hatten die Säugetiere ihre Chance und blühten so richtig auf, heißt es in den Lehrbüchern der Biologen. Vorher dagegen wimmelten allenfalls mausgroße

Säugetiere über den Boden und suchten im Dunkel der Nacht vor den gefräßigen Sauriern leidlich geschützt nach Insekten, ihrer Leibspeise. Und im Wasser hatten die im Vergleich zu den massigen Sauriern recht possierlichen Säuger schon gar nichts zu suchen, waren sich die Forscher bisher weitgehend einig.

Säugetiere im Wasser
Zumindest die Geschichte der Säugetiere, die im Wasser leben, reicht 100 Mio. Jahre und damit erheblich mehr als doppelt so weit zurück wie die alte Lehrmeinung besagte. Denn mit wuseligen Kleinsäugern hat der Fischotter-Verwandte mit dem Biberschwanz gar nichts gemein. Stattdessen aber passt er gut in die Wasserlandschaft der Zeit vor

---

China – Zentrum der Paläontologie
Die Chancen für neue, aufsehenerregende Fossilienfunde stehen gerade in China nicht schlecht. Denn die boomende Wirtschaft im Reich der Mitte wirft genug Geld ab, um auch Grundlagenforschern wie den Paläontologen auf die Sprünge zu helfen. Und die chinesischen Wissenschaftler nutzen diese Chance – das beweisen etliche spektakuläre Fossilienfunde.

---

164 Mio. Jahren, die Paläontologen als Mittleren Jura kennen.

Damals entdeckten bestimmte Haiarten und Rochen, wie schmackhaft die Muscheln am Meeresboden waren. Diese wiederum konnten vor den gefräßigen Mäulern kaum davonlaufen und gruben sich stattdessen einfach tiefer in die Sicherheit des weichen Untergrunds. Während draußen an Land die riesigen Sauropoden mit ihren kleinen Köpfen auf giraffenähnlichen langen Hälsen die Wälder abweideten, stellte sich vor 164 Mio. Jahren das Meeresleben fast vollständig um. Heute recht modern wirkende Fische tauchten auf.

Dazu aber passt die jetzt in der Inneren Mongolei gefundene seltsame Mischung aus Fischotter, Biber und Robbe ganz hervorragend: Der Biberschwanz ist heute noch ein hervorragendes Steuer beim Tauchen, der dichte Pelz hält beim modernen Fischotter Luftblasen fest und isoliert so hervorragend vor dem kühlen Wasser und die Zähne der Robben eignen sich optimal, um Fische zu packen und zu verschlingen. Genau diese modernen Eigenschaften besaß *Castorocauda lutrasimilis* bereits vor 164 Mio. Jahren – und widerlegt damit die These recht überzeugend, Säugetiere hätten sich erst vor 65 Mio. Jahren so richtig entwickelt.

Ähnlich wie in dieser Illustration könnte der Castorocauda lutrasimilis ausgesehen haben.

Uralte Termitenfresser
Grabende Säuger aus Dinosaurierzeiten

Als in der späten Jurazeit noch die Dinosaurier über die Erde streiften, buddelte „Popeye" schon im Boden. Diesen Spitznamen haben amerikanische Wissenschaftler einem etwa 150 Mio. Jahre alten Fossil gegeben, das sie 1998 in der Nähe der Stadt Fruita im US-Bundesstaat Colorado entdeckt haben. Wegen der kräftigen Vorderbeine des kleinen Säugetiers fühlten sich die Forscher an den muskulösen Comic-Seemann Popeye erinnert. Offiziell heißt die neu entdeckte Art allerdings nach ihrem Fundort, ihrer Lebensweise und ihrer Entdeckerin *Fruitafossor windscheffeli* – also „Windscheffels Gräber aus Fruita".

Ungewöhnliche Zähne

Der Zeitgenosse der Dinosaurier war etwa handgroß und erinnert entfernt an eine Spitzmaus. Besonders interessant sind seine Zähne: Sie sind nicht nur hohl, sondern ihnen fehlt auch der harte Zahnschmelz, der bei anderen Säugetieren die Kauflächen der Backenzähne besonders widerstandsfähig macht. Dieses ungewöhnliche Gebiss erinnert an die Zähne der heutigen Gürteltiere, die sich hauptsächlich von Insekten und anderen Kleintieren ernähren und ihren Speiseplan zusätzlich mit ein paar Pflanzen anreichern. Auch die heutigen Erdferkel, die sich auf Ameisen und Termiten spezialisiert haben, besitzen ähnliche Kauwerkzeuge.

Aus diesen Übereinstimmungen schließt man, dass auch die längst ausgestorbenen Dinosaurier-Zeitgenossen vor allem Insekten verspeist haben. Dazu passen die Vorderbeine und Füße von *Fruitafossor*, die sich perfekt zum Graben eignen. Offenbar hat der kleine Säuger in unterirdischen Bauen Schutz vor den fleischfressenden Dinosauriern seiner Zeit gesucht. Doch sein Talent zum Graben dürfte ihm auch geholfen haben, seinen Magen zu füllen – hocken doch auch moderne Termitenfresser während ihrer Mahlzeit auf der Insektenkolonie und scharren ihre Beute mit den Vorderbeinen aus dem Erdreich. Das Riesengürteltier besitzt zu diesem Zweck sogar die längsten Krallen des heutigen Tierreichs. Mit seinen 15 cm langen Grabwerkzeugen kann es nicht nur jeden Termitenhügel aufbrechen, sondern sich sogar durch Beton buddeln.

Doppelte Erfindung

Doch nicht nur die Zähne und Krallen von „Popeye" erinnern an moderne Gürteltiere und Termitenfresser. Auch im Rückgrat finden sich erstaunliche Gemeinsamkeiten. So hat *Fruitafossor* zusätzliche Gelenke zwischen den einzelnen Wirbeln – eine Besonderheit, die man sonst nur von heutigen Gürteltieren sowie den mit ihnen verwandten Faultieren und Ameisenbären kennt. All diese Ähnlichkeiten haben die Wissenschaftler überrascht. Denn *Fruitafossor* stammt aus einer ganz anderen Entwicklungslinie als die heutigen Tiere mit ähnlicher Lebensweise. Das neu entdeckte Fossil ist etwa 100 Mio. Jahre älter als sämtliche Vorfahren von Gürteltieren und Ameisenbären. Offenbar haben sich die Säugetiere also mindestens zwei Mal in ihrer Geschichte darauf spezialisiert, ihren Magen möglichst effektiv mit Termiten und anderen kleinen Krabbeltieren zu füllen.

Ein Faible für Termiten

Zu den spezialisiertesten Termitenvertilgern gehören heutzutage die in Mittel- und Südamerika lebenden Ameisenbären. Alle vier Arten dieser Tiere, vom 280 g leichten Zwergameisenbären bis zum mehr als 30 kg schweren Großen Ameisenbären, haben keinen einzigen Zahn im Maul. Sie brechen mit den Krallen Termitenbaue auf und lecken die Insekten dann mit ihrer langen Zunge heraus.

Gebiss und Lebensweise des Fruitafossor windscheffeli *ähnelten stark dem der heutigen Gürteltiere.*

Säuger fressen Dinosaurier

Auf der Bühne der Evolution erscheinen die ersten Raubsäuger

Die Mär von den friedliebenden, winzigen Säugetieren, die vor mehr als 65 Mio. Jahren harmlos zwischen den Beinen der gefährlichen Dinosaurier umherhuschten, widerlegten chinesische Forscher eindrücklich. Erst entdeckten sie eine 164 Mio. Jahre alte Art, die einer Mischung aus Robbe, Biber und Otter ähnelt. Dieses knapp 1 kg schwere Tier konnte noch als klein bezeichnet werden, der nächste Fund mit einem Gewicht von 13 kg aber passte keinesfalls mehr in die Kategorie „winziges Säugetier". Vor 130 Mio. Jahren lebte dieses rund 1 m lange Säugetier mit dem wissenschaftlichen Namen *Repenomamus giganticus*.

Großer Räuber

Allein der Schädel dieses Tieres ist 16 cm lang, der Kopf ähnelt dem eines modernen Wolfes verblüffend. Ein Blick auf die Zähne verrät sofort die Ernährung des Säugetiers: Große und spitze Schneide- und Eckzähne eignen sich auch bei heutigen Raubtieren noch hervorragend, die einmal gefasste Beute festzuhalten und zu zerreißen. *Repenomamus giganticus* muss ein Raubtier gewesen sein und gilt daher als erster Fleischfresser unter den Säugetieren. Der Fund war damit ein Urahn von Wolf und Fuchs, Hyäne und Löwe, Tiger und Gepard. Die Backenzähne des *Repenomamus giganticus* aber waren so klein und stumpf, dass er die Beute wohl ähnlich wie eine Riesenschlange ganz verschlang.

Riese unter Giganten

Zwar verblasst *Repenomamus giganticus* sehr deutlich gegenüber den tonnenschweren Raubsauriern, aber diese waren ohnehin nur Ausnahmen, deren Knochen viel häufiger gefunden werden als die weniger auffälligen Fossilien kleinerer Arten. Die aber waren auch bei den Sauriern in der Überzahl – und mit ihnen konnte der große Raubsäuger gut mithalten. Unter den Säugetieren seiner Zeit aber gilt *Repenomamus giganticus* als Riese.

Dinosaurier als Beute

Dass Säugetiere Sauriern gefährlich werden konnten, beweist ein Exemplar einer nahe verwandten, aber deutlich kleineren Art mit dem wissenschaftlichen Namen *Repenomamus robustus*. Dieses etwa 50 cm lange und vielleicht 5 kg schwere Tier ließ sich sogar auf frischer Tat dabei ertappen, wie es einen jungen, 14 cm langen *Psittacosaurus*-Dinosaurier verschlang. Anschließend aber kam der Räuber selbst zu Tode und versteinerte. Als chinesische Forscher 130 Mio. Jahre später ihren Fund ausgruben, staunten sie nicht schlecht: Die Knochen des unglücklichen *Psittacosaurus*-Jungtiers lagen genau an der Stelle, an der sich bei Säugetieren der Magen befindet. Für die Reißzähne des Vetters des *Repenomamus giganticus* dürften bis zu 7 kg schwere Dinosaurier kein Problem gewesen sein. Denn der Räuber selbst hatte die Maße eines kräftigen Hundes.

Raubtiere: wichtig für die Vielfalt

Bereits auf 480 Mio. Jahre alten Fossilien finden Forscher Spuren von angreifenden Räubern. In der Evolution sind Raubtiere offensichtlich wichtig: Je mehr Raubtiere auftreten, desto größer ist die Artenvielfalt. Ein Blick auf die Beute erklärt diesen Zusammenhang: Sobald ein Raubtier auftaucht, das ihm gefährlich wird, entwickelt ein Pflanzenfresser Strategien, mit denen er die Gefahr verringert. Das können schnelle Beine, eine zuverlässige Tarnung, der Rückzug in einen anderen, sicheren Lebensraum oder eine eigene Abwehrwaffe sein. Und schon könnten aus einer einzigen vier neue Arten entstehen.

Auf dem Speisezettel der Urahnen dieses
Löwenrudels standen sogar kleine Dinosaurier.

Der Urahn der Kängurus

Die ältesten Beuteltiere stammen aus China

Auch die entfernten Ahnen von Kängurus und Koalas haben schon zu Zeiten der Dinosaurier gelebt. Den ältesten bisher bekannten Vertreter solcher Beuteltiere haben Forscher im Jahr 2003 im Nordosten Chinas entdeckt. Die Überreste des *Sinodelphys szalayi* getauften Tieres aus der Kreidezeit sind ungewöhnlich gut erhalten, sogar die Abdrücke seiner Haare haben die Jahrmillionen überdauert.

Opossums aus der Kreidezeit

Das etwa 125 Mio. Jahre alte Skelett verrät, dass *Sinodelphys* ein etwa mausgroßes, sehr agiles Tier war, das sich zeitweise am Boden aufhielt, zeitweise aber auch durch die Baumkronen turnte. Der Knochenbau seiner Pfoten

erinnert an die Hände und Füße heutiger Klettertiere. *Sinodelphys* konnte damit sowohl geschickt greifen als auch auf Ästen entlangbalancieren. Seinen Magen füllte das Tier vermutlich mit Insekten und Würmern. Der Name des Fossils kommt nicht von ungefähr: *Sinodelphys* heißt „chinesisches Opossum". Denn sein gesamter Lebensstil könnte ähnlich gewesen sein wie der heutiger Opossums. Diese auch als Beutelratten bekannten Tiere kommen von Kanada bis nach Argentinien vor. Sie werden je nach Art 30 bis 50 cm groß und mitunter mehr als 5 kg schwer. Normalerweise leben sie in Wald- und Buschland, allerdings haben sie sich mittlerweile auch in Städten häuslich eingerichtet. Schließlich findet sich in der Nähe des Menschen in der Regel ein reiches Nahrungsangebot – und sonderlich wählerisch sind Opossums nicht: Auf dem Speiseplan der nachtaktiven Allesfresser stehen Früchte und Körner, Insekten und kleine Wirbeltiere. Auch Aas verschmähen sie nicht. Das in China entdeckte Fossil war allerdings ein eher primitiver Urahn der Opossums, Koalas und Kängurus. Genauere Untersuchungen von Gebiss und Knochenbau verraten, dass sehr viele Merkmale von *Sinodelphys* typisch für Beuteltiere sind. Mit den sogenannten Plazentatieren, zu denen vom Elefanten bis

zur Fledermaus fast alle übrigen Säugetiere gehören, hat die Art dagegen nur wenig gemeinsam. Daraus schließt man, dass sich die Entwicklungslinien von Beutel- und Plazentatieren schon getrennt haben müssen, bevor *Sinodelphys* auf der Bühne der Evolution erschien. Die Geschichte der Beuteltiere reicht demnach mehr als 125 Mio. Jahre zurück - etwa 50 Mio. Jahre länger als vor dem Fund angenommen wurde.

Rätselhafte Verbreitung

Ein Rätsel haben die Forscher allerdings noch nicht gelöst. Beuteltierfossilien aus der späten Kreidezeit wurden bisher nur in Eurasien und in Nordamerika gefunden, die aus dem Superkontinent Laurasia hervorgegangen sind. Heute dagegen leben die etwa 320 Beuteltierarten fast nur in Australien und Südamerika, die früher zu einem anderen Superkontinent, Gondwana, gehörten. Eine Ausnahme sind die nordamerikanischen Opossums, die allerdings erst nach der Vereinigung von Nord- und Südamerika aus dem Süden eingewandert sind. Eine Erklärung für diese geografische Diskrepanz gibt es bisher nicht.

Das bekannteste noch lebende Beuteltier und damit Erbe des Sinodelphys *ist wohl das Känguru.*

Persilschein für Echsen

Für den verspäteten Aufstieg der Säugetiere sind die Saurier wohl nicht verantwortlich

Jahrmillionen lang beherrschten die Echsen die Erde. Sie hatten sämtliche Kontinente besetzt und waren gut genug an die jeweiligen Lebensbedingungen angepasst, um unliebsame Konkurrenz leicht aus dem Feld schlagen zu können. Also hatten die Säugetiere im Schatten der Dinosaurier wenig Chancen, sich auszubreiten. Von ein paar Ausnahmen wie der 164 Mio. Jahre alten Biber-Otter-Robbe aus der Jurazeit abgesehen huschten im Erdmittelalter daher nur ein paar kleine und unscheinbare Säugetierarten über die Erde. So lautete lange die gängige Vorstellung der Evolutionsforscher. Und tatsächlich sind bis heute nur wenige Fossilien von Säugetieren aufgetaucht, die den Echsen Paroli bieten konnten.

Theorien und Zweifel

Der Fall schien also klar: Die Säugetiere, die heute die Landlebensräume auf der Erde dominieren, haben erst nach dem Aussterben der Dinosaurier ihren großen Aufschwung erlebt. Erst als die beherrschenden Echsen vor 65 Mio. Jahren den Planeten räumten, machten sie Platz für andere Tiere mit ähnlichen Ansprüchen. Diese Chance haben der gängigen Theorie zufolge die Säugetiere genutzt. Beinahe schlagartig sollen diese eine Vielzahl von Arten mit unterschiedlichen Lebensstilen entwickelt haben, die dann die Rolle der verschiedenen Dinosaurierarten übernahmen.

So weit, so logisch. Doch in letzter Zeit sind Zweifel daran aufgetaucht, dass das Aussterben der Dinosaurier tatsächlich der Startschuss für den Siegeszug der Säugetiere war. Ausnahmsweise sind es nicht etwa neu entdeckte Fossilien, die nicht zu dieser Theorie passen, sondern die Erkenntnisse von Molekularbiologen. Im Jahr 2007 veröffentlichte ein internationales Forscherteam eine Studie, für die riesige Datenmengen über das Erbgut von modernen Säugetieren zusammengetragen und analysiert worden waren. All diese Informationen hatten die Wissenschaftler zu einem „Superstammbaum" zusammengesetzt, der das Alter und die Entwicklungslinien von nicht weniger als 99 Prozent aller heute bekannten Säugetierarten zeigt.

Verzögerter Boom

In diesem Stammbaum ist bei manchen Tiergruppen tatsächlich ein Artenboom unmittelbar nach dem Verschwinden der Dinosaurier zu erkennen. Allerdings sind die Vertreter dieser Profiteure inzwischen längst selbst ausgestorben. Die Geschichte der heute lebenden Arten dagegen ist offenbar anders verlaufen.

Die modernen Säugetierordnungen wie Primaten, Nagetiere und Huftiere sind alle mindestens 75 Mio. Jahre alt. Zu einer ersten Aufspaltung in verschiedene Gruppen ist es also schon gekommen, als sich die Dinosaurier noch bester Gesundheit erfreuten. Einen zweiten Höhepunkt der Evolution, an dem zahlreiche neue Arten entstanden, erlebten die Säugetiere dann erst mindestens 10 bis 15 Mio. Jahre nach dem Verschwinden der großen Echsen. Warum die Säugetiere ihre Chance nicht früher genutzt haben, wissen die Forscher bisher nicht.

Vielfältige Pelzträger

Heute leben auf der Erde etwa 5500 Säugetierarten, die sämtliche Kontinente und Meere besiedelt haben. Im Lauf ihrer Entwicklungsgeschichte mussten sie sich dabei an die verschiedensten Umweltbedingungen anpassen, entsprechend unterschiedlich ist ihr Körperbau. Da gibt es Wasserspezialisten wie die Wale, Flugartisten wie die Fledermäuse und Kletterkünstler wie viele Affen. Das Spektrum reicht von den 2 g leichten Schweinsnasenfledermäusen und Etruskerspitzmäusen bis zu den maximal 200 t schweren Blauwalen.

Fossil von Eomaia scansoria, *das im Nordosten Chinas gefunden wurde. Es handelt sich um einen sehr ursprünglichen Vertreter der Höheren Säugetiere, der vor etwa 125 Mio. Jahren in der Oberkreide lebte.*

Das große Artensterben am Ende der Kreidezeit

Die Dinosaurier verschwinden vom Globus

Mehr als 100 Mio. Jahre hatten die Dinosaurier das Leben auf der Erde dominiert, als ihre Epoche vor 65 Mio. Jahren abrupt endete. In den Gesteinen, die vor dieser Zeit entstanden, finden Forscher immer wieder Saurierfossilien, danach aber gibt es nicht mehr den kleinsten Überrest der Riesenechsen. Weshalb dieses „Erfolgsmodell der Evolution" aber so schlagartig vom Globus verschwand, darüber rätseln die Forscher heute noch.

Der Weg ist frei

Auch die damals im Schatten der Saurier lebenden Säugetiere wurden vom Artensterben stark in Mitleidenschaft gezogen. In Nordamerika waren z. B. vor dem Einschlag die Beuteltiere stark vertreten, nur wenige Arten überlebten den Kälteschock. Ein paar Arten der Säugetiere aber trotzten den eisigen Winden. Als es wieder wärmer wurde, hatten sie Platz. Seither dominieren Säugetiere das Landleben. Das geschah aber nicht zielgerichtet, sondern eher zufällig. Denn auch Schlangen und Krokodile hatten den Einschlag des Meteoriten recht gut überstanden. Warum nicht sie, sondern die Säugetiere die Vorherrschaft übernahmen, bleibt ein Rätsel.

Edelmetall Iridium als Indiz

Für die öffentliche Meinung gilt das Rätsel allerdings schon längst als gelöst – ein Asteroid wurde als Saurierkiller identifiziert. Tatsächlich gibt es deutliche Hinweise auf den Einschlag eines Himmelskörpers: In den Gesteinen aus dieser Epoche findet sich genau zum Zeitpunkt des Sauriersterbens eine Schicht, die große Mengen des Elements Iridium enthält. Dieses Edelmetall ist in den oberen Erdschichten normalerweise viel seltener als Platin oder Gold, findet sich aber in deutlich größeren Mengen im Erdmantel und im Erdkern, aber auch in Asteroiden. Vor 65 Mio. Jahren muss also irgendein Ereignis das Iridium aus einer dieser Quellen auf der Erdoberfläche abgelagert haben. 1990 wurden dann Spuren des Übeltäters gefunden, als im Norden der Halbinsel Yucatan in Mexiko ein Krater entdeckt wurde, der sich unter einer rund 1 km dicken Ablagerungsschicht aus späterer Zeit im Untergrund verbirgt.

Der Asteroid von Yucatan

Dieser Krater mit einem Durchmesser von 180 km entstand, als vor 65 Mio. Jahren ein Asteroid mit einem Durchmesser von 8 bis 12 km in den Golf von Yucatan einschlug. Dort traf der kosmische Bolide mit jeder Menge Iridium in seinem Innern u. a. auf eine Gipsschicht, aus der er riesige Massen von Schwefelverbindungen herausschlug, die wiederum eine gigantische Schicht von Schwefelsäurewolken in der Atmosphäre bildeten. Als unter diesen Wolken die Erde schlagartig abkühlte, überlebten die Saurier das nicht.

Tod aus der Erde

Es gibt allerdings noch ein zweites Ereignis, das schon ein wenig vor dem großen Sauriersterben begann: Im heutigen Indien öffneten sich Spalten im Erdboden, aus denen auf Längen von vielen Hundert Kilometern Lava quoll. Innerhalb von 500 000 Jahren lagerte dieses glutflüssige Gestein eine 2 km dicke Lavaschicht ab. Neben Iridium brachten diese Massen auch riesige Mengen Kohlendioxid aus dem Erdinnern, die über verschiedene Mechanismen das Klima der Erde kräftig aufheizten. Wie schon früher bei anderen Massensterben, könnte diese Supersauna viele Arten einschließlich der Saurier ausgelöscht haben. Vermutlich aber haben Vulkanismus und Asteroideneinschlag gemeinsam das Ende der Riesenechsen-Ära eingeläutet.

Der Anfang vom Ende der Dinosaurier: Ein riesiger Asteroid schlägt auf der Erde ein.

Die Säugetiere nutzen ihre Chance
Säugetierarten besetzen die verwaisten Lebensräume

Als beim bisher letzten großen Massensterben vor 65 Mio. Jahren die Dinosaurier ausstarben, erwischte es auch die Säugetiere hart, die meisten ihrer Arten verschwanden zur gleichen Zeit. Damit waren plötzlich viele Lebensräume verwaist.

Auf und nieder
Die übrig gebliebenen Säugetiere aber nutzten ihre Chance und passten sich an diese ökologischen Nischen an. Aus den noch vorhandenen Arten entwickelten sich Affen und Rüsseltiere, Wale und Robben, Fledermäuse und Huftiere. Vor 56 bis 34 Mio. Jahren gab es im Erdzeitalter des Eozän bereits die meisten der heute noch existierenden 29 Säugetier-Ordnungen. Eine besondere Rolle bei der Entwicklung der Säugetierarten spielte Südamerika. Seit dem Verschwinden der Saurier war dieser Kontinent die meiste Zeit von den anderen Erdteilen isoliert. Ungestört vom Rest der Welt entwickelte sich eine völlig eigene Artenvielfalt. Die Beutelhyänen waren eine Gruppe fleischfressender Beuteltiere und es gab auch eine eigene Gruppe südamerikanischer Huftiere. Diese Entwicklung fand ein jähes Ende, als sich vor ungefähr 4 Mio. Jahren eine Landbrücke zwischen Nord- und Südamerika bildete. Moderne Säugetiere drangen aus dem Norden vor und verdrängten die südamerikanischen Arten rasch.

Riesenwuchs
In Nordamerika dagegen entwickelten sich die Säugetiere zunächst in eine Richtung, die zuvor bereits die Saurier eingeschlagen hatten: Vor 50 Mio. Jahren entstanden erste Riesenformen wie das *Uintatherium*. 4 m lang war dieses Huftier und wog 4 t. Besonderes Kennzeichen waren sechs Hörner auf dem Kopf, die vermutlich ähnlich wie bei heutigen Giraffen von einem Fell bekleidet waren.
Die größten Säugetiere, die jemals auf festen Boden gelebt haben, aber entstanden zwanzig Mio. Jahre später. 8 m lang und mehr als 5 m hoch war z. B. ein Riesennashorn namens *Paraceratherium*, das vor 30 Mio. Jahren Blätter von den Bäumen Zentralasiens fraß. Mit bis zu 20 t war dieser Verwandte der heutigen Nashörner vier Mal schwerer als ein heutiger Elefant. Allein der Schädel des Riesen war 130 cm lang.

Artensterben
Den Gewichtsrekord aber hält noch heute ein anderes Säugetier: Ein Blauwalweibchen kann bis zu 200 t auf die Waage bringen. Der längste je vermessene Blauwal war mit 33,58 m drei Mal länger als ein stattliches Einfamilienhaus.
Seit der letzten Eiszeit wurden viele große Säugetiere Opfer eines ähnlichen Artentods wie die riesigen Dinosaurier. Allerdings gibt es einen gravierenden Unterschied: Ursache war diesmal nicht ein Asteroid aus dem Weltraum oder Lava aus dem Erdinnern, sondern ein Verwandter aus der Klasse der Säugetiere: Der Mensch hat viele große Säugetiere auf dem Gewissen, auch den größten Vertreter dieser Klasse, den Blauwal, hat er beinahe ausgerottet.

Habitat und ökologische Nische
Mit dem Begriff „Habitat" meinen Biologen das Gebiet, in dem eine bestimmte Art lebt. Das Habitat ist sozusagen die Adresse dieser Art. Unter „Ökologische Nische" verstehen Biologen dagegen die Kombination verschiedener Bedingungen der Umwelt, in der nur eine bestimmte Art und keine andere leben kann. In weit voneinander entfernten Gipfelregionen verschiedener Hochgebirge mit ähnlichen Klimaverhältnissen kommen oft sehr ähnliche Arten vor, weil diese Ökonischen ähnliche Lebensbedingungen bieten.

Das Breitmaulnashorn Ceratotherium simum *ist ein Nachfahre des größten Säugetiers, das jemals als Landtier existiert hat: des Riesennashorns* Paracera-therium.

Bären unter Druck
Der Mensch macht Allesfressern den Lebensraum streitig

Aus welchen Gründen Menschen seit Urzeiten großen Säugetierarten nachstellen und sie oft auch ausrotten, sieht man am Beispiel der Bären besonders gut. Diese Tiergruppe spaltete sich vor mindestens 30 Mio. Jahren in zwei Familien: Kleinbären und „Echte Bären". Zur ersten Gruppe zählt der inzwischen auch in Deutschland lebende Waschbär, der selten schwerer als 12 kg wird. Abgesehen von den in Europa aus menschlicher Obhut entwichenen Waschbären leben alle Kleinbären in Nord- und Südamerika. Die meisten ihrer 19 Arten sind nicht bedroht.

Götter-, Problem- und Tanzbären
Bei den acht Arten der „Echten Bären" sieht die Situation anders aus. Obwohl diese Tiere von vielen Völkern wegen ihrer massigen Gestalt und ihrer gewaltigen Kräfte hochgeschätzt und bisweilen sogar als Götter verehrt wurden, leiden gerade sie besonders unter den Menschen, die alle Arten in Bedrängnis gebracht haben.

Die Gründe dafür sind unterschiedlich. Mancherorts werden und wurden die Bären gejagt, weil man ihr Fleisch isst oder das meist lange und dichte Fell als wärmenden Pelz schätzt. Häufig aber werden bestimmten Körperteilen der Bären auch Heilkräfte zugesprochen. Das war bei verschiedenen Indianervölkern Nordamerikas der Fall, in China wird noch heute die Gallenflüssigkeit der Kragenbären in der traditionellen Medizin verwendet.

Oft wurden und werden Bären aber auch zum Vergnügen gejagt oder gefangen. Als sogenannte Tanzbären sollen sie dann für Unterhaltung sorgen. Hintergrund dieser Verwendung von Bären als Spaßobjekt oder als Lieferant traditioneller Medizin sind vermutlich die auffallenden Ähnlichkeiten zwischen Menschen und Bären. Beide sind Allesfresser, die sich vor allem auf Pflanzennahrung stürzen und diese sporadisch mit Fleisch ergänzen. Im Prinzip besetzen Bären und Menschen also ähnliche Ökonischen und machen sich gegenseitig Konkurrenz. Der Mensch aber hat die bessere Waffentechnik auf seiner Seite.

Evolution aus Menschenhand
In der Evolution kommt es zwar häufig vor, dass sich Arten mit ähnlichen Ökonischen gegenseitig verdrängen. Zwei wichtige Unterschiede aber gibt es beim Wirken des Menschen: Zum einen verdrängt er nicht nur Arten wie die Bären, die eine ähnliche Ökonische besetzen, sondern auch Arten wie Wale mit völlig anderen Ansprüchen, die zudem nicht einmal in sein natürliches Beuteschema passen.

In letzter Zeit greifen Menschen aber auch indirekt sehr stark in die Evolution ein, wenn sie für eigene Bedürfnisse großräumig den Lebensraum anderer Arten zerstören. Mit ihren Aktivitäten hat die Menschheit daher längst ein Massenartensterben ausgelöst, dessen Ausmaße zweifellos die der großen Artensterben vor vielen Millionen Jahren erreicht.

> ### Der Vater des Panda
> *Der Urvater der heute in China lebenden Pandabären war kleiner als seine heute lebenden Verwandten und tappte vor 2 bis 2,4 Mio. Jahren erstmals durch die Wälder Chinas, nachdem eine markante Klimaänderung das Zeitalter der Eiszeiten eingeläutet hatte. Aus der Form der gefundenen Zähne schließen die Forscher auch, dass sich der Panda erst vor rund 2 Mio. Jahren auf Bambus als Nahrung spezialisiert hat, zuvor war seine Speisekarte abwechslungsreicher. Seit Menschen die Bambuswälder vernichten, verliert auch der Panda seinen Lebensraum.*

Ein Eisbär im Zoogehege.

Die Geschichte des Lebens

Zurück zu den Wurzeln

Der Urahn der Menschenaffen

„Ein gutes Fossil findest Du nicht – es findet Dich", heißt es unter spanischen Paläontologen. Wissenschaftler vom Paläontologischen Institut Miquel Crusafont bei Barcelona wissen, dass an diesem Spruch tatsächlich etwas dran ist. Denn im Jahr 2002 haben sie sich von einem besonders spannenden Fossil „finden lassen", das vom letzten gemeinsamen Vorfahren von Menschenaffen und Menschen stammen könnte.

Ein Zufallsfund

Ein Bulldozer sollte das Gelände bei Barcelona eigentlich nur für die Grabung vorbereiten – doch plötzlich förderte er einen Eckzahn zutage. Elektrisiert gruben die Forscher nach und fanden den zugehörigen Schädel, einen Brustkorb, eine Wirbelsäule, Hand- und Fußknochen. Stück für Stück setzten sie das Puzzle zusammen – und sahen sich einem Tier gegenüber, das mit dem Urahn aller Menschenaffen zumindest eng verwandt sein dürfte. Nach dem katalanischen Fundort haben sie die neu entdeckte Art *Pierolapithecus catalaunicus* getauft. Sie vermuten aber, dass Vertreter dieser Art auch in Afrika gelebt haben. Seit Langem suchen Wissenschaftler nach Spuren des gemeinsamen Vorfahren von Gorillas, Schimpansen, Orang-Utans und Menschen. Dieser „Ur-Menschenaffe" muss gelebt haben, nachdem sich die Entwicklungslinien dieser Arten von denen der weniger hoch entwickelten Gibbons und Siamangs getrennt haben. Vermutlich hat diese Aufspaltung vor 11 bis 16 Mio. Jahren stattgefunden. Ausgerechnet aus dieser Zeit kennen Paläontologen aber nur wenige Affen-Fossilien.

Der Baumkletterer

Der neue etwa 13 Mio. Jahre alte Fund aus Spanien zeigt den geheimnisvollen Ahnen nun als 35 kg schweren Fruchtfresser, der an eine Mischung aus Gorilla und Schimpanse erinnert. Sein Brustkorb ist nicht gewölbt wie bei primitiveren Affen, sondern breit und flach wie bei einem modernen Menschenaffen. Eine solche Anatomie hat man bisher noch bei keinem älteren Fossil gefunden. Auch andere Teile des Skeletts zeigen typische Menschenaffenmerkmale. So liegen die Schulterblätter auf dem Rücken statt an den Seiten des Körpers, der Unterteil der Wirbelsäule ist kurz und weniger beweglich als bei anderen Affen. Diese Veränderungen verlagerten den Schwerpunkt des Körpers, sodass sich *Pierolapithecus* leichter aufrichten und auf Bäume klettern konnte. Auch in den Hand- und Fußgelenken finden sich Anpassungen an ein Leben als Kletterer, die bis heute typisch für Menschenaffen sind. Einige Merkmale seiner weniger hoch entwickelten Verwandtschaft hat *Pierolapithecus* allerdings behalten. So sind seine Finger und Zehen relativ kurz. Dies gilt als ein Zeichen dafür, dass nicht alle Charakteristika der heutigen Menschenaffen gleichzeitig entstanden sind. Bisher hatte man angenommen, dass sich die Fähigkeiten, auf Bäume zu klettern und von Ästen zu hängen, gemeinsam entwickelt hätten. Das Hängen aber dürfte für *Pierolapithecus* mit seinen kurzen Fingern schwierig gewesen sein.

Die Verwandten des Menschen

Zu den Menschenaffen gehören Gorillas, Orang-Utans, Schimpansen und Bonobos. Während es von Schimpansen und den auch als „Zwergschimpansen" bekannten Bonobos nur jeweils eine Art gibt, unterscheiden Zoologen bei den Gorillas zwischen dem Westlichen und dem Östlichen Gorilla. Auch unter den Orang-Utans gibt es zwei verschiedene Arten, von denen eine auf Borneo und die andere auf Sumatra lebt.

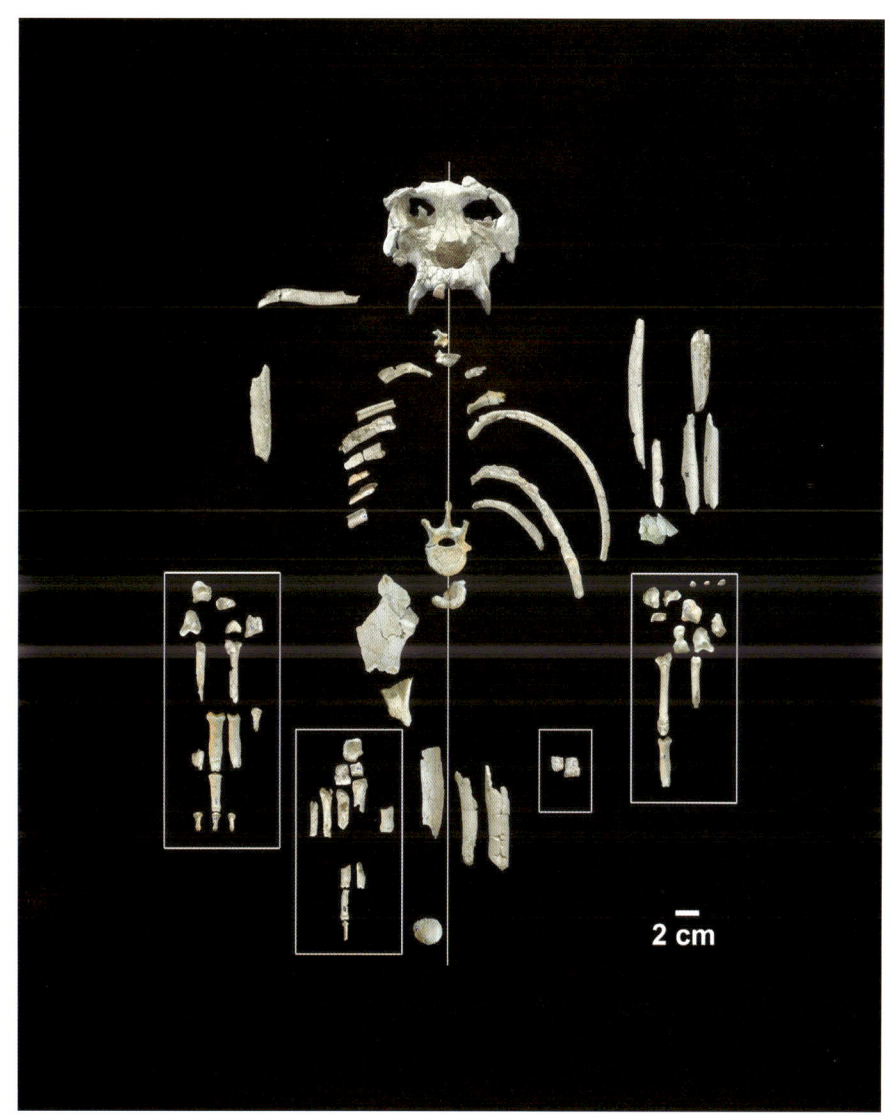

Ist er ein Urahn der Menschenaffen? Die bei Barcelona gefundenen Knochen des Pierolapithecus catalaunicus lassen darauf schließen.

Zweibeiner aus den Bäumen

Haben die Vorfahren des Menschen den aufrechten Gang im Geäst gelernt?

Über das Entstehen des aufrechten Ganges streiten Frühmenschenforscher noch eifrig. Nach der gängigen Lehrmeinung stellten die Vorfahren des Frühmenschen sich erst auf die Hinterbeine, als sich im Osten Afrikas vor 8 oder 9 Mio. Jahren eine Spalte in der Erde öffnete, die heute als Ostafrikanischer Grabenbruch durch eine Kette großer Seen und Vulkane bis zum Kilimandscharo auf der Landkarte leicht zu entdecken ist.

Der Mensch kommt auf die Beine

Damals änderte sich das Klima erheblich. Während vorher Regenwälder den ganzen Kontinent bedeckten, gingen die Niederschläge nach Öffnung des Bruches vor allem westlich von diesem nieder. Noch heute wächst im Westen der großen Seen und der Kette afrikanischer Vulkane daher dichter Regenwald. Weiter im Osten aber reichen die Niederschläge nur noch für ein weites Grasland mit Schatten spendenden Baumgruppen darauf. Savanne nennen Wissenschaftler dieses Ökosystem, das die Wiege der Menschheit wurde.

Die Vorfahren des Menschen mussten dort nun viel häufiger als vorher auf dem Boden laufen und entdeckten dabei die Vorteile des aufrechten Ganges. So hatten sie auf zwei Beinen z. B. die Hände frei und konnten Beute, Früchte oder Nüsse viel einfacher zum nächsten Baum tragen, in dessen Geäst sie vor Löwen oder Hyänen sicher waren, die ihnen sonst die Beute hätten abjagen könnten.

Theorie mit Haken

Diese Theorie klingt zwar einleuchtend, hat aber einen großen Haken: Wenn der aufrechte Gang in der Savanne so vorteilhaft ist, wieso sind dann nicht andere Tiere ebenfalls auf die gleiche Idee gekommen? Weil der Übergang von vier auf zwei Beine beim Laufen gar nicht so einfach ist. Das zeigen zahlreiche Anpassungen, die für den aufrechten Gang nötig sind. Solche Anpassungen fallen natürlich viel leichter, wenn schon die Vorfahren in den

---

Frühe Baummenschen

Die Überreste von Frühmenschen, die vor 4 bis 7 Mio. Jahren aufrecht gingen, stammen oft aus recht waldreichen Gegenden. Diese Frühmenschen hatten auch noch besonders lange Arme, die das Balancieren erleichterten und die für den Orang-Utan typisch sind. Diese Frühmenschen könnten daher durchaus in den Bäumen gelebt haben.

Bäumen auf zwei Beinen durch das Geäst turnten. Genau das tun auch die Orang-Utans in Südostasien. Im Geäst aber hat das Stehen auf zwei Beinen einige Vorteile. So hat der Orang-Utan dann die Hände frei, um nach leckeren Früchten zu greifen.

Schwierige Balance

Wichtiger aber scheint ein anderer Effekt, den Menschen vom Balancieren auf Balken her kennen: Der Gang auf schmalem Untergrund fällt viel leichter, wenn man oben mit den Händen einen Halt findet. Ein Kind balanciert zum Beispiel problemloser über einen niedrigen Balken, wenn Vater oder Mutter daneben laufen und die Hand reichen.

Dem Orang-Utan geht es kaum anders. Dünne Äste mit weniger als 4 cm Durchmesser schwanken unter seinem Gewicht erheblich. Auf diesem schmalen Untergrund laufen die Orang-Utans dann auch am häufigsten aufrecht und suchen mit den Armen zusätzlichen Halt an noch dünneren Ästchen, die über dem Kopf wachsen. Genau wie die Orang-Utans heute mithilfe ihrer langen Arme durch das Geäst des Waldes in Südostasien balancieren, könnten die frühen Vorfahren des Menschen durch die Bäume des afrikanischen Regenwalds geturnt sein.

Der Weg zum Menschen

Im Urwald Indonesiens hangelt sich dieser Orang-Utan über Äste und Lianen. Auf dünnen Ästen wie hier läuft er aufrecht. Dabei balanciert er mit den Händen und zeigt den Menschen damit, wie ihre Vorfahren das Laufen gelernt haben könnten.

Das Gebiss unterliegt im Wettlauf gegen das Gehirn
Wie die Vorfahren des Menschen zu ihrer Intelligenz kamen

Längst standen die Vorfahren der Menschen auf zwei Beinen, als die Savannen Ostafrikas trockener wurden. Die Pflanzenwelt reagierte mit härteren Samen. Diese kann man mit kräftigeren Kiefern und stärkeren Backenzähnen besser zermahlen. Genau das geschah bei gleich drei verschiedenen Frühmenschenarten, die Wissenschaftler als *Australopithecus* bezeichnen.

Eine Eiszeit entsteht

Alles begann, als vor etwa 3 bis 4 Mio. Jahren Nord- und Südamerika miteinander zusammenstießen. Diese Landbrücke lenkte die vom Passatwind aus dem tropischen Atlantik nach Westen getriebenen Wassermassen in den Norden des Atlantik. Da aus dem warmen Wasser aber mehr Feuchtigkeit verdunstete, gab es auch mehr Niederschläge, die im Winter als Schnee fielen. In manchen Regionen Nordamerikas schmolz der Schnee auch im Sommer nicht mehr, reflektierte mehr Sonnenenergie in den Weltraum und sorgte so für eine Abkühlung, die mehr Schnee liegen ließ. Mit der Zeit wurde das Klima überall kälter, aus den Meeren verdunstete weniger Wasser und in den Savannen im Osten Afrikas regnete es weniger.

Klima und Werkzeug

Die in der gleichen Savanne lebenden Vorfahren des heutigen Menschen aber reagierten ganz anders: Sie zermahlten die härteren Samen mit Werkzeugen und gingen mit Speeren auf die Jagd. 2,5 Mio. Jahre sind die Überreste dieser Werkzeugmacher mit dem wissenschaftlichen Namen *Homo rudolfensis* alt, die Friedemann Schrenk vom Forschungsinstitut Senckenberg in Frankfurt am Main in Malawi entdeckte.

Messer und Reißzähne

Vor 1,7 Mio. Jahren wurde es noch einmal trockener, die Frühmenschen brauchten bessere Werkzeuge. Um diese herzustellen, wuchsen das Gehirn und damit die geistigen Fähigkeiten. Jetzt entwickelten die Frühmenschen raffiniertere Werkzeuge, mit denen sie gefundene Kadaver besser zerlegen und Wild leichter erbeuten konnten.

Das war auch notwendig, denn die grauen Zellen benötigen besonders viel Energie. Keine 1,5 kg wiegt das Gehirn eines modernen Menschen mit 75 kg Körpergewicht. Und doch schluckt das Denkorgan ein Fünftel der im Organismus verbrauchten Energie. Die meiste Energie aber liefert Fleisch. So kam ein faszinierender Kreislauf in Gang: Ein größeres Gehirn erlaubt raffiniertere und damit ergiebigere Methoden der Fleischbeschaffung. Mehr Fleisch wiederum erlaubt eine weitere Zunahme der energiehungrigen grauen Zellen.

Köpfchen schlägt Zähne

Mithilfe der gewachsenen geistigen Kapazität wurden auch immer ausgefeiltere Sozialstrukturen möglich. Weil die Frühmenschen ihre energiereichen Fleischrationen wohl häufig anderen Raubtieren abluchsten, waren solche Sozialstrukturen ein großer Gewinn im Überlebenskampf der Arten.

Die Vorteile dieser raffinierteren Sozialstruktur und der überlegenen geistigen Kapazitäten kamen voll zum Tragen, als der nächste Dürreschub die Samen noch härter werden ließ. Diesem Kraftakt war auch der mächtigste Kiefer eines *Australopithecus* nicht mehr gewachsen, bald starb die letzte Art dieser Gattung aus. Das wachsende Gehirn hatte den Wettlauf mit dem Gebiss gegen die Klimakapriolen der Eiszeit gewonnen. Es erdachte sich einfach bessere Werkzeuge, mit denen auch die härteste Nuss geknackt werden konnte. Diese Taktik ist so erfolgreich, dass viele Menschen heute sogar auf einige Zähne verzichten: Die Weisheitszähne werden in der modernen Gesellschaft zur Mangelware.

Am Beginn der Entwicklung der Intelligenz standen klimatische Veränderungen. In der ostafrikanischen Wiege der Menschheit wurden die Savannen immer trockener – was auf indirektem Weg zum Wachstum des Gehirns führte.

Der nackte Affe
Weshalb der Mensch sein Fell ausgedünnt hat

Als eine Klimaänderung im Osten Afrikas die Vorfahren des Menschen aus dem dichten Wald in die Savanne verschlug, hatten diese erhebliche Anpassungsleistungen zu erbringen. Sie mussten nicht nur auf den kühlenden Schatten der Bäume weitgehend verzichten, sondern stellten auch noch ihre Ernährung um. Statt meist vegetarischer Kost stand zunehmend auch Fleisch auf dem Speiseplan.

Attraktive Blonde

Da nur dunkle Haare ausreichend Schatten spenden, während die Sonne durch helle Haare viel stärker durchbrennt, waren die Frühmenschen wohl alle dunkelhaarig. Allerdings wird der dunkle Haarpelz auf dem Kopf in Europa weniger dringend gebraucht als in den Tropen. Die ersten Blondschöpfe lassen sich bereits bei Mumien nachweisen.

Diese Laune der Natur aber zahlte sich für die wenigen Blonden unter relativ vielen Dunkelhaarigen aus. Denn ungewöhnliches Aussehen wirkt oft anziehend auf das andere Geschlecht. Vermutlich waren Blondinen in der Frühzeit also leichter an den Mann zu bringen und Jäger mit wehendem Blondhaar beim „schwachen" Geschlecht überdurchschnittlich begehrt.

Schweißtreibendes Leben

Um an ausreichende Fleischrationen zu kommen, mussten die Frühmenschen sich viel mehr bewegen als ihre Vorfahren im Kronendach des Regenwalds. In leichtem Dauerlauf durchquerten sie auf der Suche nach Aas die Savanne oder versuchten, Beutetiere einzukreisen. Unter tropischer Sonne aber kommt man da leicht ins Schwitzen.

Die Haut eines modernen Menschen hat 2 bis 4 Mio. Schweißdrüsen. Durch sie gibt der Organismus gezielt Wasser ab, das in eher trockener Luft oder schon bei einer leichten Luftbrise sofort verdunstet. Beides aber gibt es in der Savanne häufiger als im Regenwald, dem Schwitzen steht also wenig im Wege. Da dieses Verdunsten viel Energie kostet, kühlt es den Körper effektiv. Menschen nutzen diese Kühlung dann auch ausgiebig, ein Quadratmeter Haut kann in einer Stunde bis zu 0,5 l Wasser verdunsten.

Haarausfall

Haare aber stören die Wirksamkeit der Kühlung mit Schweiß erheblich, glatte Haut verdunstet Wasser viel schneller und kühlt so effektiver. Frühmenschen, deren Pelz erheblich ausgedünnt war, waren da im Vorteil. Um jedoch einen Sonnenstich zu vermeiden, soll-te man an den Stellen, die am meisten Sonne abbekommen, den Schatten spendenden Pelz dicht lassen. Und das ist bei einem Zweibeiner eindeutig der Kopf, auf dem die meisten Menschen tatsächlich noch viele Haare haben.

Sonnenbrand

Als einige Vorfahren des Menschen aber der Sonnenglut der tropischen Savannen den Rücken kehrten und kühlere Gefilde erkundeten, verblasste auch die vorher dunkle Hautfarbe der Frühmenschen. Denn in Europa scheint die Sonne viel schwächer als in Zentralafrika. Verbrennung und Überhitzung drohen in gemäßigten Breiten daher nur noch im Sommer.

So konnten es sich die Frühmenschen durchaus leisten, die mit einiger Energie produzierten dunklen Farbpigmente in der Haut im Winter wegzulassen. Erst wenn die Sonne wieder kräftiger scheint, wird auch die Produktion dieser Hautpigmente wieder angeregt. Sonnenschutz gibt es bei hellhäutigen Menschen seither nur noch, wenn er im Sommer auch benötigt wird.

Der evolutionäre Zweck des Kopfhaars ist der Schutz vor dem Sonnenstich – die Zivilisation hat es zum Kopfschmuck weiterentwickelt.

Vom Affen zum Menschen

Lucy macht Karriere

Der 30. November 1974 sollte ein Tag werden, an dem ein besonders spektakuläres Fenster in die Frühgeschichte der Menschenverwandtschaft aufgestoßen wurde. Ein Team um den US-amerikanischen Wissenschaftler Donald Johanson grub damals in der Region Hadar in Äthiopien nach Spuren der Vergangenheit.

Ein Fossil wird zum Star

Das Knochenstück, das die Forscher an jenem Novembertag aus der Erde holten, erregte zunächst allerdings kein besonderes Aufsehen. Erst als sie in seiner unmittelbaren Umgebung weitere Reste desselben Skeletts entdeckten, wurden die Wissenschaftler aufmerksam und nahmen die Knochen genauer unter die Lupe. Währenddessen spielte der Kassettenrekorder im Forschungscamp den damals sehr populären Beatles-Song „Lucy in the Sky with Diamonds". Und so dauerte es nicht lange, bis das Fossil im Grabungsteam den Spitznamen „Lucy" bekam. Mit der offiziellen Bezeichnung *Afar Locality (A.F.) 288-1,* die auf den Fundort hinweist, war es dann rasch vorbei. Kaum jemand verwendete den sperrigen Namen des Fossils, alle Welt sprach nur noch von Lucy. Die Begeisterung für den Fund erfasste nicht nur Fachleute. Rund um den Globus stieg die Verwandte aus der Urzeit zu einem der bekanntesten Fossilien überhaupt auf.

Eine Frau auf zwei Beinen

1978 beschrieben ihre Entdecker anhand von Lucys Knochen eine neue Menschenart namens *Australopithecus afarensis* – was soviel heißt wie „Der Südaffe aus der Region Afar". Analysen ergaben, dass Lucy etwa 3,2 Mio. Jahre alt ist. Etwa 20 Prozent ihres Skeletts sind über diesen Zeitraum erhalten geblieben, darunter Teile von Armen, Beinen, Wirbelsäule, Rippen und Becken. Vom Schädel wurden allerdings nur der Unterkiefer und fünf Bruchstücke der oberen Wölbung aufgespürt. Dennoch gehört Lucy zu den am besten erhaltenen Menschenfunden aus ihrer Zeit.

Aus dem Bau ihres Skeletts schließen die meisten Wissenschaftler, dass Lucy tatsächlich eine Frau gewesen ist. Trotz ihrer geringen Größe von etwa 1 m war sie wohl schon erwachsen. Denn im Unterkiefer war bereits ein Weisheitszahn durchgebrochen, zudem hatten sich die Wachstumsfugen an ihren Knochen schon geschlossen. Lucys Alter wird heute auf etwa 25 Jahre geschätzt. Später wurden noch andere Exemplare von *Australopithecus afarensis* gefunden, die deutlich größer waren. Dabei handelte es sich vermutlich um Männer.

Anfangs gab es heftige Diskussionen darüber, wie sich Lucy fortbewegt haben könnte. Ihre recht langen Arme mit den gebogenen Händen sehen aus, als könne man sich damit gut durchs Geäst hangeln. Trotzdem glauben die meisten Wissenschaftler, dass diese Merkmale Relikte aus früheren Zeiten sind. Lucy sei vielmehr schon auf zwei Beinen durch Äthiopien gelaufen. Ein wichtiges Indiz dafür sind versteinerte Fußspuren von *Australopithecus afarensis,* die in Tansania gefunden wurden.

Lucy auf Tour

Das Originalskelett von Lucy wird im Nationalmuseum der äthiopischen Hauptstadt Addis Abeba aufbewahrt. Zum Schutz der wertvollen Fossilien sind dort allerdings nur Nachbildungen für die Öffentlichkeit ausgestellt. Im August 2007 aber gingen die Originalknochen auf Reisen, sechs Jahre lang sollen sie in verschiedenen Museen in den USA gezeigt werden. Dieses Vorhaben hat massiven Protest von Paläontologen ausgelöst, die um die Sicherheit des einmaligen Fundes fürchten.

Der Weg zum Menschen

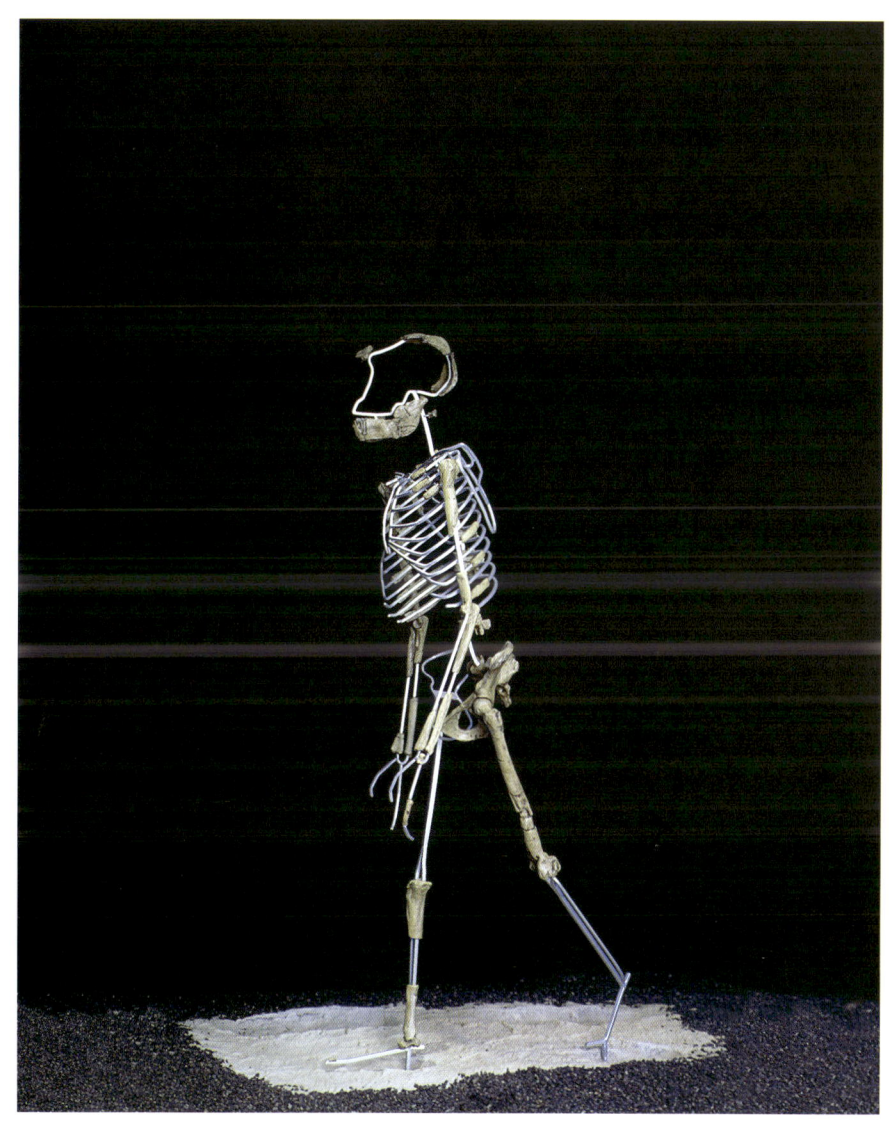

Der Fund von etwa 20 Prozent ihrer Knochen erlaubte es, Lucys Skelett recht genau nachzubauen.

Lucys Verwandtschaft
Die Gattung Australopithecus

Nachdem es „Lucy" zu Weltruhm gebracht hatte, wurden an ihrer Fundstätte im äthiopischen Hadar sowie in Kenia und Tansania weitere Überreste ihrer Art entdeckt. Spektakulär war ein Fund im Jahr 1975, als Wissenschaftler aus einem Berghang in Hadar die Knochen von mindestens 13 *Australopithecus afarensis*-Skeletten bargen. Vermutlich sind diese Vormenschen vor etwa 3,2 Mio. Jahren bei einer Katastrophe ums Leben gekommen und verschüttet worden. Neben neun Erwachsenen waren vier Kinder unter den Opfern, das jüngste war nach seinem Gebiss zu urteilen noch nicht einmal ein Jahr alt. Diese Fossilien sind für Wissenschaftler besonders wertvoll, weil man an ihnen nachvollziehen kann, wie sich *Australopithecus afarensis* vom Kind zum Erwachsenen entwickelte.

Lucys Ahnen

Lucys Artgenossen gehören heute zu den am besten erforschten Vormenschen überhaupt. Ihre Vertreter haben Ostafrika wohl während einer langen Periode besiedelt, die vor etwa 4 Mio. Jahren begann und vor etwa 2,9 Mio. Jahren zu Ende ging.

Gern würden Wissenschaftler auch die Vorfahren von *Australopithecus afarensis* besser kennenlernen. Immerhin gilt die *Australopi*-

thecus-Verwandtschaft als Vorläufer der Gattung *Homo* und damit des modernen Menschen. Da interessiert die Frage nach den Wurzeln natürlich besonders.

Allerdings sind bisher nur relativ wenige Fossilien von Lucys älteren Verwandten bekannt. Einige zwischen 4,2 und 3,9 Mio. Jahre alte Überreste einer solchen ursprünglichen *Australopithecus*-Art fand die bekannte Frühmenschenforscherin Meave Leakey 1994 am Turkanasee in Kenia. 1994 wurde dieser Vormensch nach dem lokalen Wort für

> ### Die „Südaffen"
>
> *Insgesamt unterscheidet man heute in der Gattung* Australopithecus *fünf verschiedene Arten. Alle hatten ein relativ kleines Gehirn, das ungefähr die Dimension eines Menschenaffen erreichte. Sie liefen zwar schon auf zwei Beinen, konnten aber auch noch recht gut klettern. Bezüglich ihrer Nahrung waren sie nicht sonderlich wählerisch: Von Früchten, Nüssen und Pilzen bis zu Eiern und kleinen Tieren verspeisten sie alles, was sie fanden. Verarbeiten konnten sie ihre Nahrung allerdings nur mit den Zähnen. Denn Steinwerkzeuge hatten diese Vormenschen wohl noch nicht erfunden.*

„See" auf den Namen *Australopithecus anamensis* getauft. Das Interessante an dieser Art ist vor allem die eigentümliche Mischung aus menschlichen und tierischen Zügen. Kiefer und Zähne sehen ganz ähnlich aus wie die von älteren Affenfossilien. Andererseits verraten die Knochen der Schienbeine, dass *Australopithecus anamensis* den aufrechten Gang schon erfunden hatte. Und auch bestimmte Knochen in den Oberarmen wirken schon sehr menschlich.

Alte Äthiopier

Im Jahr 2006 fügten US-amerikanische Forscher ein weiteres bedeutsames Mosaiksteinchen in das Bild von *Australopithecus anamensis* ein. Sie beschrieben verschiedene Knochen dieser Art, die sie in der Awash-Region in Äthiopien entdeckt hatten. Damit ist nun klar, dass Lucys Ahne vor etwa 4,2 Mio. Jahren nicht nur in Kenia, sondern auch 1000 km weiter nordöstlich lebte.

Zu dem neuen Fund gehören rekordverdächtige Knochen wie der größte bekannte menschliche Eckzahn und der älteste Oberschenkelknochen eines *Australopithecus*. Vor allem aber lassen die Knochen vermuten, dass ihr Besitzer ein direkter Vorfahr von Lucy und ihren Artgenossen war.

Der Weg zum Menschen

Australopithecinen auf der Jagd. Die Darstellung des Museums für Vor- und Frühgeschichte in Berlin zeigt diese Vorläufer des Menschen aufrecht gehend – wie es die afrikanischen Knochenfunde nahelegen.

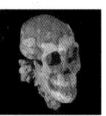

Lucys Tochter

Fossilien von Frühmenschenkindern bringen wichtige Erkenntnisse

Eine gewaltige Überschwemmung in der Tiefebene Äthiopiens keine 200 km vom Golf von Aden hat das dreijährige Mädchen wohl das Leben gekostet. Die Fluten trugen es ein Stück weit mit, bald ertrank das Kind. Später teilte das Wasser sich in viele Arme, die träge in einen nahen See mündeten. Rasch begruben vom Hochwasser mitgerissener Sand und Schlamm die Leiche der Dreijährigen unter sich. Das Sediment wandelte sich im Lauf der Jahrhunderttausende in Gestein, das Mädchen schien für immer verschwunden zu sein.

Fossilientaufe

3,3 Mio. Jahre später aber wurde ein Teil des Gesichts der Kinderleiche wieder freigewaschen. Kurz vor Weihnachten des Jahres 2000 entdeckte der Wissenschaftler Zeresenay Alemseged die Fossilien. Fünf Jahre lang klopfte er sorgfältig ein winziges Stückchen nach dem anderen von den Knochen des Mädchens, das seit Jahrmillionen tot im Flussbett gelegen hatte.

Da das Kind ungefähr zur gleichen Zeit in der gleichen Gegend Äthiopiens lebte wie die bereits 1974 entdeckte „Lucy" und obendrein zur gleichen Frühmenschenart *Australopithecus afarensis* gehört, wurde es eben „Lucys Tochter" getauft.

Von Kinderknochen lernen

Das Skelett von Lucys Tochter ist fast vollständig, sogar winzig kleine Knöchelchen sind noch da, die sonst fast nie erhalten bleiben.

Solche kompletten Skelette aber sind absolute Mangelware bei Frühmenschenfunden und vor allem bei jungen Frühmenschen.

Der nächste vergleichbare Kinderfund liegt mehr als 3 Mio. Jahre näher an der Gegenwart und war ein Neandertaler-Kind, dessen Überreste in Syrien entdeckt wurden. Berühmt ist auch das 1924 in Südafrika gefundene ebenfalls dreijährige Kind von Taung, das vor 2 Mio. Jahren starb, von dem aber wenig mehr als Teile des Schädels erhalten blieben.

Aus den Fossilien junger Individuen aber können Forscher viel lernen. Einer der wesentlichen Unterschiede zwischen Menschen und den nahe verwandten Schimpansen ist die Zeit des Heranwachsens. Ein heute lebender Schimpanse benötigt elf Jahre, bis er ein vollwertiges Mitglied seiner Gruppe ist, beim Menschen dauert das Erwachsenwerden mit rund zwanzig Jahren fast doppelt so lange.

Die Frühmenschen scheinen in dieser Hinsicht näher bei den Schimpansen gelegen zu haben: Ganze acht Jahre war ein Junge alt, der vor 1,6 Mio. Jahren in Kenia lebte und dessen Überreste ebenfalls gefunden wurden. Mit gut 160 cm aber war er schon recht groß. Daraus kann man leicht ausrechnen, dass die Frühmenschen damals mit etwa zwölf Jahren erwachsen gewesen sein müssen.

Schutz in den Bäumen

Obwohl Australopithecus afarensis *bereits auf zwei Beinen lief, ähneln die Schultern von Lucys Kind verblüffend einer Gorillaschulter, die Fingerknochen sind ähnlich wie bei Schimpansen leicht gebogen. Diese Biegung kommt vom Hangeln im Kronendach der Bäume, und auch die Schulter der Gorillas ist bestens für den Tarzan-Schwung von Baum zu Baum geeignet. Dort oben sind kleinere Weibchen und Junggorillas vor Raubtieren am Boden bestens geschützt. Nur die einige Hundert Kilogramm wiegenden Gorillamännchen sind zu schwer für die Baumkronen – sie müssen am Boden aber auch keinen Feind außer dem Menschen fürchten. Ähnlich wie die Gorillajungen hangelte sich wohl auch der Nachwuchs der Frühmenschen der Gattung* Australopithecus *durchs Geäst, zeigt das Skelett von Lucys Kind.*

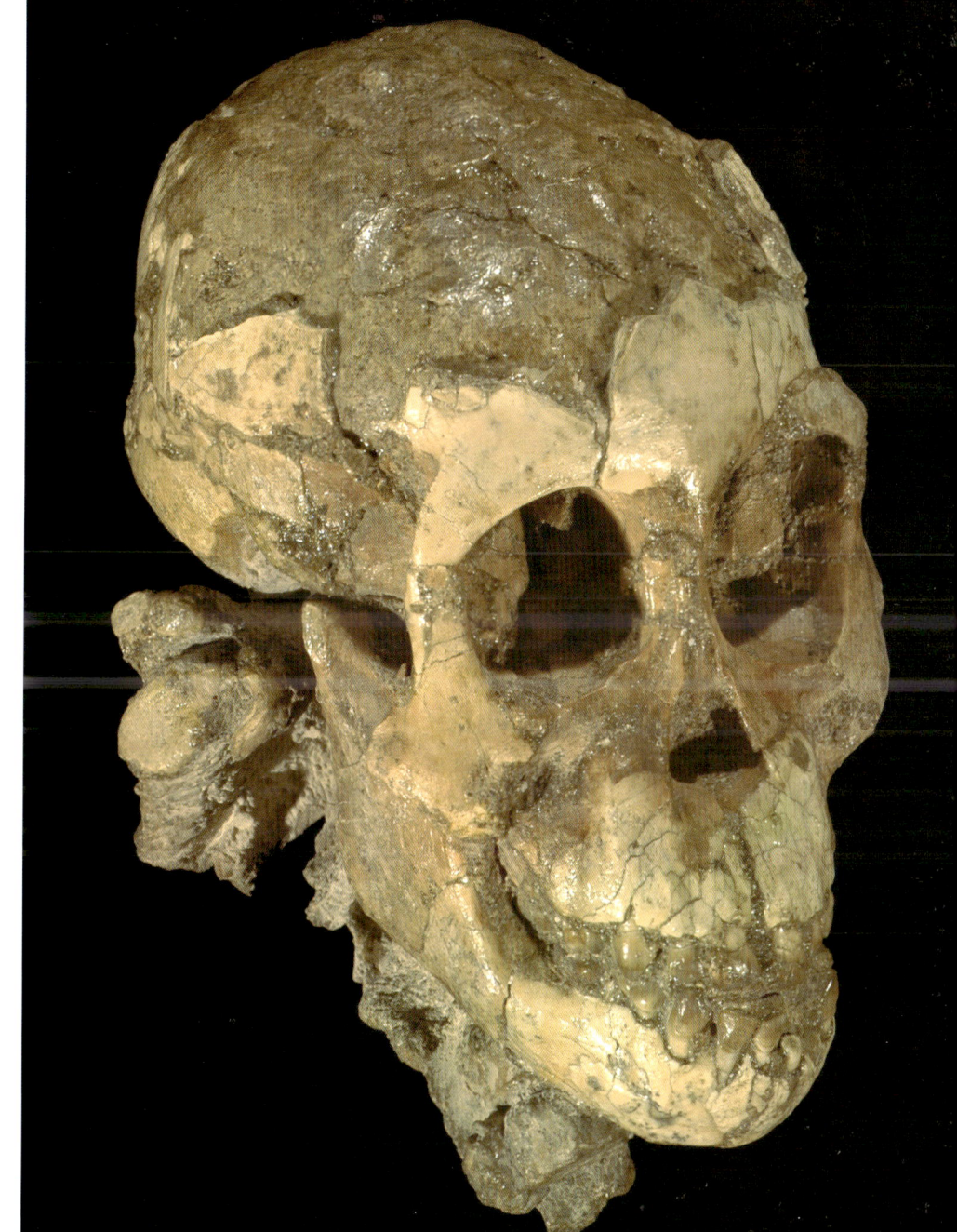

Der Schädel von „Lucys Tochter", den Zeresenay
Alemseged vom Max-Planck-Institut
für evolutionäre Anthropologie in Leipzig
im Jahr 2000 entdeckte.

Die Gattung Homo
Der Stammbaum der Menschen wird zum Stammbusch

Weil Fossilien der Vorfahren des modernen Menschen recht selten sind, werfen ein oder zwei neu entdeckte Knochen oft alle vorherigen Theorien über die Evolution der Menschheit über den Haufen. So glaubten bis zum Jahr 2007 viele Forscher eine gerade Linie zu sehen: Vor ungefähr 2,2 Mio. Jahren entwickelte sich im Osten Afrikas die Frühmenschenart *Homo habilis,* aus der vor rund 1,75 Mio. Jahren der *Homo ergaster* entstand, aus der sich dann vor vielleicht 1,5 Mio. Jahren *Homo erectus* entwickelte. Der wiederum war nicht nur der direkte Vorgänger des modernen Menschen *Homo sapiens,* sondern hantierte wie die Menschen eifrig mit Werkzeugen und verstand sich aufs Feuermachen.

Ein Schädel wirft Theorien um

Zu diesem Bild einer geradlinigen Entwicklung aber passen der Schädel eines *Homo erectus* und der Oberkiefer eines *Homo habilis* nicht besonders gut, die im Jahr 2000 im Nordwesten Tansanias gefunden wurden. Eine genaue Analyse der Funde zeigte im Jahr 2007 nämlich: Vor 1,44 Mio. Jahren stapfte der *Homo habilis* noch durch Ostafrika, obwohl er doch bereits 300 000 Jahre früher von *Homo ergaster* abgelöst worden sein soll.

Der *Homo erectus*-Schädel aus der gleichen Gegend ist rund 1,55 Mio. Jahre alt. Also müssen *Homo erectus* und *Homo habilis* über lange Zeit gemeinsam in der gleichen Gegend gelebt haben. Der geradlinige Stammbaum

des Menschen verwandelt sich so in einen „Stammbusch".

Das Aus für den Homo habilis

Das aber passt nicht zu der Theorie, *Homo erectus* sei über die Zwischenstufe *Homo ergaster* aus dem *Homo habilis* entstanden. Beide müssen sich vielmehr vor 2 bis 3 Mio. Jahren entwickelt und dann einen ähnlichen Lebensraum geteilt haben. Damit aber scheidet die Art *Homo habilis* aus der Reihe der direkten Vorfahren des modernen Menschen *Homo sapiens* aus. An seine Stelle tritt eine weitere schon länger bekannte Frühmenschenart, der *Homo rudolfensis.* Diese Art stellt mit rund 2,5 Mio. Jahren ohnehin das älteste Exemplar der Gattung *Homo,* zu der auch der *Homo sapiens* gehört. *Homo rudolfensis* ähnelt auch dem modernen Menschen viel mehr als *Homo habilis:* Mit 750 ml ist sein Gehirn relativ groß, Werkzeuge verwendete er ebenfalls. *Homo rudolfensis* könnte als ein direkter Vorfahre von *Homo ergaster* gewesen sein, der wiederum über *Homo erectus* direkt zum modernen Menschen führt.

Begegnung nach Jahrmillionen: Im Natur-historischen Museum in Braunschweig betrachtet eine Besucherin ein Modell des Homo erectus.

Der Harem der Frühmenschen

In den 1,55 Mio. Jahre alten Schädel des im Nordwesten Tansanias gefundenen Homo erectus *hat nur ein 700 ml großes Gehirn gepasst. Normalerweise aber wartete* Homo erectus *mit 900 ml und der moderne Mensch mit 1200 bis 1400 ml auf. Manche Forscher vermuten nun, es könnte sich um einen weiblichen* Homo erectus *gehandelt haben. Das würde auf einen sogenannten Geschlechtsdimorphismus hindeuten, bei dem die*

Männchen erheblich größer als die Weibchen sind. Einen solchen Größenunterschied zwischen den Geschlechtern gibt es z. B. bei den heutigen Gorillas. Dort aber besteht eine Familie aus einem älteren Männchen und mehreren Weibchen. Sollte es den Geschlechtsdimorphismus auch bei Homo erectus *gegeben haben, wäre es mit der bisher vermuteten Ähnlichkeit zwischen dieser Art und den modernen Menschen zumindest im Hinblick auf das Familienleben also wohl vorbei.*

Menschen und Schimpansen
Die lange Übergangszeit zum Menschen

Als Wissenschaftler in den USA im Jahr 2007 die Erbsubstanz der vier heute lebenden Menschenaffenarten Mensch, Schimpanse, Gorilla und Orang-Utan sowie einer Makakenart analysierten, fanden sie eine Sensation.

Erbgutanalysen und Lehrmeinung

Je mehr Unterschiede sich zwischen den Erbanlagen jeweils zweier Arten finden, umso länger liegt die Trennung der beiden zurück. Häufen sich solche Veränderungen immer im

---

Eisbären und Braunbären

Bei den Bären Nordamerikas können Forscher die Artbildung fast live beobachten: Vor nicht einmal 200 000 Jahren tappte noch ein „Urbär" durch die heutige USA. Als das Eis während einer Kaltzeit auf dem Vormarsch war, spezialisierte sich ein Teil seiner Nachfahren auf diesen Lebensraum und jagt seither von Eisschollen aus Robben. Anders als die Eisbären aber blieben die ebenfalls von diesem Urbären abstammenden Braunbären in ihren Wäldern. In Zoos paaren sich beide Bärenarten mangels Alternativen recht häufig miteinander. In der Natur dagegen passiert das fast nie, obwohl sich Braun- und Eisbären häufig begegnen.

---

gleichen Tempo an, sollte nach den durchschnittlichen Veränderungen im gesamten Erbgut vor ungefähr 6,5 bis 7,4 Mio. Jahren der letzte gemeinsame Vorfahre von Schimpanse und Mensch im afrikanischen Regenwald gelebt haben.

Danach aber änderte sich das Klima, im Osten Afrikas regnete es seltener, statt Wald verteilten sich bald nur noch einzelne Baumgruppen über eine Savanne. Ein paar der gemeinsamen Vorfahren hätten diesen Lebensraum auf zwei Beinen erobert. Aus diesen Gruppen in den Savannen sei schließlich der Mensch entstanden. Die Schimpansen aber seien im Kronendach des Regenwalds geblieben. Seit dieser Zeit hätten sich die beiden Arten kaum noch getroffen und sich, von Ausnahmefällen abgesehen, auch nicht mehr miteinander gepaart – so die bisherige Lehrmeinung.

Dieser Lehrmeinung aber widersprechen die Erbgutanalysen der US-Forscher. Anders als frühere Untersuchungen haben sie nicht das gesamte Erbgut der Arten miteinander verglichen, sondern nur einzelne zueinander passende Abschnitte. Manche dieser Erbgutabschnitte aber zeigen zwischen Mensch und Schimpanse erheblich mehr Veränderungen als andere. Das X-Chromosom z. B., das bei Menschen und Schimpansen das Geschlecht

festlegt, hat sich recht wenig verändert und scheint daher 1,2 Mio. Jahre jünger zu sein als der Durchschnitt des restlichen Erbguts. Andere Abschnitte des Erbguts sehen dagegen deutlich älter aus.

Die Erklärung der US-Forscher dazu verblüfft: Zunächst hätten sich Menschen und Schimpansen getrennt entwickelt. Danach aber hätten sich über 4 Mio. Jahre Individuen beider Arten wieder miteinander gepaart. Und weil dabei Erbeigenschaften nach dem Zufallsprinzip weitergegeben worden seien, sei ein Muster aus offenbar verschieden alten Erbanlagen entstanden. Wahrscheinlich erst vor weniger als 5,4 Mio. Jahren hätten die beiden Arten dann das Interesse aneinander verloren.

Skeptische Forscher

Genau diese lange Übergangszeit macht viele Forscher skeptisch: Warum sind beide Arten in dieser Zeit nicht wieder zu einer einzigen Art miteinander verschmolzen, wenn doch Erbeigenschaften so eifrig ausgetauscht wurden? Die Entstehung der Frühmenschen bleibt daher ein Rätsel.

Eine Schimpansenmutter mit ihrem Baby. Wann Mensch und Schimpanse aufhörten, sich miteinander zu paaren, ist umstritten.

Unterschiede im Kopf

Das Gehirn zeigt, was Menschen von Schimpansen trennt

Bisher waren Wissenschaftler sehr verblüfft, wenn sie das Erbgut des Menschen mit den Erbeigenschaften des nächsten Verwandten, des Schimpansen verglichen haben. Bei 98,7 Prozent der DNA-Sequenzen stellen die Forscher keinen Unterschied zwischen beiden Arten fest. Die Abfolge der Bausteine im Erbgut von Mensch und Schimpanse sind also fast identisch. Irgendwo aber müssen deutliche Unterschiede zwischen beiden Arten existieren, denn es kann kaum Zufall sein, dass eine dieser Spezies Angehörige der eigenen Art auf den Mond schickt, während sich die andere Art mit dem Leben im Regenwald begnügt.

Ein Blick in die Gene

Erbgut ist aber nicht überall gleichartig. Es gibt z. B. riesige Abschnitte, die nach heutigem Kenntnisstand keine zentrale Funktion haben. Dort haben Unterschiede auf das Verhalten und das Aussehen einer Art wenig Einfluss. Andererseits gibt es sogenannte Entwicklungsgene. Sie steuern die Ausbildung einzelner Organe und die Entwicklung des gesamten Menschen oder Schimpansen. Würden die 1,3 Prozent Änderung ausschließlich diese Entwicklungsgene betreffen, wäre wohl eine grundlegend andere Art entstanden. Wichtig sind also nicht die Unterschiede selbst, sondern ihre Auswirkungen. Die Entschlüsselung des menschlichen Erbguts und anderer Organismen ist also allenfalls der erste Schritt auf dem Weg, diese Arten und die Unterschiede zwischen ihnen zu verstehen.

Erbgut in Aktion

Wer sich für die Unterschiede zwischen Mensch und Schimpanse interessiert, sollte also untersuchen, welche Teile des Erbguts bei beiden Arten aktiv in die Lebensprozesse eingreifen. Genau das haben Wolfgang Enard und Svante Pääbo vom Max-Planck-Institut für evolutionäre Anthropologie in Leipzig getan. Mit raffinierten Methoden haben sie nachgeschaut, welche Teile des Erbguts beispielsweise im Gehirn oder in der Leber aktiv sind und welche Unterschiede bei diesen Aktivitäten zwischen beiden Arten bestehen. Für ihre Untersuchungen haben sie sich die Proteine und die mRNA genannten Kopien aus dem Erbgut angeschaut, nach deren Vorlage später Proteine hergestellt werden.

Unterschiede in der Leber

In der Leber zeigen sich bei diesen Aktivitäten deutliche Unterschiede zwischen Mensch und Schimpanse, aber auch zwischen Schimpanse und Orang-Utan. Da sich alle drei Arten relativ unterschiedlich ernähren, war das auch zu erwarten. Die Leber als zentrales Entgiftungsorgan des Körpers muss bei diesen Arten mit jeweils anderen Giftstoffen fertig werden. Deshalb sollten in der Leber auch die Aktivitäten des Erbguts zwischen den Arten jeweils unterschiedlich sein.

Ganz anders ist die Situation beim Gehirn: Hier sind die Unterschiede zwischen den Denkorganen von Schimpanse und Mensch erheblich größer als zwischen Schimpanse und Orang-Utan. Genau das gleiche Bild fanden die Forscher auch bei den Aktivitäten des Erbguts. Der Unterschied zwischen Mensch und Affe liegt offenbar tatsächlich im Kopf.

> ### Exons und Introns
> *Bei höheren Organismen liegt die Bauanleitung für ein Eiweiß oft nicht als durchgehende Information vor, sondern wird von längeren Abschnitten unterbrochen, die mit der Bauanleitung nichts zu tun haben. Diese anscheinend weniger wichtigen Introns verändern sich zwischen den Arten oft viel schneller als die Exons mit der Bauanleitung, bei denen eine Änderung fatale Konsequenzen haben kann, weil das betroffene Eiweiß nicht mehr richtig funktioniert.*

Der amerikanische Schauspieler Lex Barker in einer
Filmrolle als „Tarzan". Immer wieder thematisiert
die Filmindustrie die Verwandtschaft des Menschen
mit den Affen.

Nussknacker aus der Steinzeit

Schimpansen benutzen schon seit Jahrtausenden Werkzeuge

Der Weg zum Menschen

Die Unterschiede in den Köpfen von Menschen und Schimpansen sollten eigentlich dafür sorgen, dass die einen mit Werkzeugen hantieren können und die anderen nicht. Davon waren jedenfalls Generationen von Wissenschaftlern überzeugt. Inzwischen aber ist klar, dass auch Tiere durchaus Talent für den Werkzeuggebrauch haben. Die Erfindung des Nussknackers z. B. ist deutlich älter als die Menschheit.

Hör mal, wer da hämmert!

In Westafrika beobachten Verhaltensforscher immer wieder Schimpansen, die unermüdlich mit einem großen Stein auf eine Nuss einschlagen. Geschickt legen sie den Leckerbissen auf einen zweiten, flachen Stein, der als Amboss dient. Und im Handumdrehen ist die harte Schale aufgehämmert und der schmackhafte Inhalt verspeist. Neugierig beobachtet derweil der Schimpansennachwuchs, wie es gemacht wird. Mit der Zeit wird auch er den Trick lernen – die Nussknacktechnik wird von einer Generation an die nächste weitergegeben.

Erst vor Kurzem aber wurde klar, wie alt diese Tradition tatsächlich ist. Denn ein internationales Forscherteam hat im Taï-Nationalpark der Elfenbeinküste gezielt nach den Überresten uralter Schimpansenwerkstätten gesucht. Am Ufer eines kleinen Flusses haben die Wissenschaftler mehr als 200 vielversprechend aussehende Steine aus dem schlammigen Sand geholt, die den Datierungen zufolge schon seit 4300 Jahren dort gelegen hatten. An etlichen dieser Steine fanden sich die typischen Abnutzungserscheinungen von steinernen Nussknackern. Doch hatten tatsächlich Schimpansen damit gearbeitet?

Eine uralte Technik

Einige der Steine stammen wohl eher aus dem menschlichen Werkzeugkasten. Denn irgendjemand muss sie gezielt bearbeitet haben, um sie in eine möglichst praktische Form zu bringen. Und bisher ist noch von keinem

---

Die ersten Handwerker

Die bisher ältesten Spuren menschlicher Werkzeugtechnik haben Wissenschaftler in Äthiopien entdeckt. Etwa 2,5 Mio. Jahre alte Schaber, Klingen und Schlagwerkzeuge aus Stein kamen dort ans Tageslicht. Sie waren allerdings noch ziemlich grob gearbeitet, offenbar haben die ersten Handwerker sie nur mit ein paar einfachen Hammerschlägen zurechtgeklopft

---

Schimpansen bekannt geworden, dass er sich sein Werkzeug erst zurechtgehämmert hätte. Die meisten Steine aber sind unbearbeitet und erinnern an die typischen Steinhämmer heutiger Schimpansen. Für menschliche Hände und Arme sind sie einfach zu groß und zu schwer. Denn der durchschnittliche Hammer eines Steinzeitmenschen wog nicht einmal 400 g, manche Fundstücke aus dem Taï-Nationalpark brachten dagegen 2 kg auf die Waage und waren mehr als 30 cm lang. So einen Brocken auf eine Nuss zu schmettern, ist für Schimpansen mit ihren größeren Händen und kräftigeren Armen viel eher praktikabel als für Menschen. Zudem fanden sich auf der Oberfläche der Steine winzige Spuren von genau den Nussarten, die bei den Schimpansen der Region noch heute beliebt sind.

Die Menschenaffen der Elfenbeinküste scheinen die Kunst des Nussknackens demnach seit mehr als 200 Generationen zu beherrschen. Ihre Vorfahren haben schon mit ihren Werkzeugen hantiert, als sich auch die Menschen der Region technisch noch in der späten Steinzeit befanden. Die Forscher vermuten, dass diese lange Tradition kein Zufall ist. Möglicherweise ist das Talent zum Hämmern ein Erbe des letzten gemeinsamen Vorfahren von Schimpansen und Menschen.

Auf Madagaskar bearbeitet eine Frau mit Hämmern
Papierbrei. Einfachere Schlagwerkzeuge – zunächst
aus Stein – kamen schon vor rund 2,5 Mio. Jahren
auf und wurden nach und nach verfeinert.

Speere, Wanderstöcke und Fliegenklatschen
Die Werkzeuge der Menschenaffen

Der Werkzeugkasten der Schimpansen enthält nicht nur Hämmer, sondern auch verschiedene andere nützliche Gerätschaften. Die Tiere benutzen z. B. lange Grashalme, um Termiten aus ihrem Bau zu fischen. Oder sie basteln sich zum Trinken Schwämme aus Blättern.

Der erste Speer

Sogar eine Jagdwaffe haben sie im Repertoire, zeigen Beobachtungen aus dem Senegal. Dort stoßen die Affen Stöcke wie einen Speer in Astlöcher, in denen sich kleine Tiere verstecken. So wollen sie ihre Opfer offenbar an der Flucht hindern. Möglicherweise haben die frühen Menschen auf ganz ähnliche Weise den Jagdspeer erfunden. Und entgegen den üblichen Klischees haben diese Innovation vielleicht nicht die Männer, sondern die Frauen entwickelt. Bei den Schimpansen jedenfalls benutzen nur Weibchen und Jugendliche den Speer.

Gorillas sind grundsätzlich nicht weniger erfinderisch als Schimpansen – das zeigen etliche Experimente mit Tieren in Gefangenschaft. Trotzdem haben Wissenschaftler erst im Jahr 2005 zum ersten Mal wild lebende Gorillas beim Werkzeuggebrauch beobachtet. Normalerweise sind die kräftigen Tiere wohl einfach nicht auf solche Hilfsmittel angewiesen. Sie knacken Nussschalen problemlos zwischen den Zähnen, brechen Termitenhügel mit den Händen auf und haben auch sonst keine Schwierigkeiten, durch pure Körperkraft an ihre Nahrung zu kommen. Manchmal aber kommt man mit Stärke allein nicht weiter.

Erfindung für den Sumpf

Im Nouabalé-Ndoki-Nationalpark in der Republik Kongo z. B. leben die Tiere in sumpfigem Terrain. Da kann ein falscher Schritt leicht zu einem unfreiwilligen Schlammbad führen. Manche Vertreter der Westlichen Flachlandgorillas aber wissen das geschickt zu verhindern. Forscher haben ein Weibchen beobachtet, das mit einem langen Stock sorgfältig den Boden eines Tümpels abtastete, bevor es die ersten Schritte hineinwagte. Es

> ### Der nächste Schritt
> *Menschenaffen sind durchaus geschickt, wenn es darum geht, geeignete Werkzeuge zu finden und sie für den jeweiligen Zweck umzugestalten. Den nächsten Schritt scheint allerdings vor allem der Mensch gegangen zu sein: Er benutzt ein Werkzeug, um ein anderes damit herzustellen.*

stützte sich auf den Ast wie auf einen Wanderstock und stocherte sich damit immer weiter ins Wasser vor. Offenbar wollte es die Wassertiefe und die Stabilität des Untergrunds prüfen. Ähnlich erfinderisch war eine Artgenossin, die in der gleichen Gegend lebte. Sie brach einen kahlen Ast ab und rammte ihn in den Boden. Dann hielt sie sich mit einer Hand daran fest, während sie mit der anderen nach Wasserpflanzen fischte. Als sie schließlich den Ort verließ, zog sie das Holz wieder heraus und legte es als Brücke über sumpfige Stellen, die sie überqueren wollte.

Das Leben von Orang-Utans dagegen spielt sich hauptsächlich in den Baumkronen ab. Trotzdem ist auch ihr Werkzeugkasten gut bestückt. Die asiatischen Menschenaffen benutzen Blätter als Waschlappen, um ihren Körper zu reinigen und als Servietten, um sich Obstsaft vom Kinn zu tupfen. Sie konstruieren daraus Kissen, um auf unbequemen Ästen zu sitzen und Handschuhe, um stachelige Früchte anzufassen. Und auch die Fliegenklatsche aus Zweigen kann im Regenwald durchaus nützlich sein.

Heutzutage ist der Wanderstock mehr in Mode denn je. Mit seiner Hilfe gelangen Wanderer sicher über Stock und Stein.

Kein Platz für Dilettanten
Die Erfindung der Arbeitsteilung

„Vielleicht hätten Sie jemanden fragen sollen, der sich damit auskennt!" Lange Zeit warb das Brachenverzeichnis „Gelbe Seiten" mit diesem Spruch dafür, kompliziertere Aufgaben besser dem Spezialisten zu überlassen. Und wenn bei der Do-it-yourself-Renovierung die Tapete von der Wand fällt oder der selbstgemachte Haarschnitt zum dauerhaften Tragen einer Kopfbedeckung zwingt, kann das ein durchaus sinnvoller Tipp sein.

Jäger und Sammlerinnen
Sonderlich neu ist er allerdings nicht. Schon in den frühen Tagen ihrer Geschichte haben Menschen nicht nur Werkzeuge entwickelt, sondern auch das Prinzip der Arbeitsteilung.

Hatte doch schon damals nicht jeder das gleiche Talent für die Bearbeitung von Stein. Mancher hat sich dabei wohl eher die Finger verletzt, als einen brauchbaren Faustkeil zustande zu bringen. Solche Besitzer zweier linker Hände waren gut beraten, sich auf andere Tätigkeiten zu verlegen. Vielleicht hatten sie ja den sechsten Sinn für das Aufspüren von Jagdbeute oder kannten sich besonders gut mit Heilpflanzen aus. Und wenn sich jeder auf das konzentriert, was er am besten kann, spart das Zeit und führt durch ständige Übung zu immer besseren Ergebnissen.

Wann die ersten Menschen diese Vorteile der Arbeitsteilung begriffen hatten, weiß man nicht. Alles hat wohl damit angefangen, dass sich Männer und Frauen irgendwann in der frühen Menschheitsgeschichte auf unterschiedliche Arbeitsbereiche verlegt haben. Ein klassisches Bild ist das vom Mann, der als Jäger durch die Gegend streift und die Familie verteidigt, während die Frau durch Sammeln zum Lebensunterhalt beiträgt und sich um den Nachwuchs kümmert. In manchen Gruppen der frühen Menschen mögen die Rollen auch anders verteilt gewesen sein. Doch dass es grundsätzlich bestimmte typische Männer- und Frauenaufgaben gegeben hat, ist sehr wahrscheinlich.

Immer mehr Berufe
Wie das ausgesehen haben könnte, zeigen heute noch lebende Jäger- und Sammlerkulturen. Beispielsweise sind bei den Buschleuten der Kalahariwüste die Frauen für das Sammeln und Zubereiten von Nahrung, für den Hüttenbau und die Versorgung der Kleinkinder zuständig. Die Männer gehen derweil auf die Jagd, zerlegen das Fleisch und kümmern sich um das Herstellen und Reparieren von Geräten. Eine weitergehende Arbeitsteilung gibt es nicht.

In den meisten Gesellschaften aber haben sich die Aufgaben im Lauf der Menschheitsgeschichte immer weiter differenziert. Spätestens vor 11 000 Jahren begannen Landwirte, Getreide anzubauen, ein Jahrtausend später hatten sie auch die Schaf- und Ziegenzucht entdeckt. Spezialisierte Ackerbauern und Viehzüchter häuften dann immer mehr Fachwissen an und produzierten so Überschüsse an Nahrungsmitteln. Also musste nicht mehr jedes Gruppenmitglied mithelfen, die hungrigen Mägen zu füllen. Handwerker konnten sich auf ihr eigenes Geschäft konzentrieren und ihre Produkte dann gegen die Nahrungsmittel der Bauern tauschen. So entwickelten sich nach und nach immer mehr Berufe – ein Trend, der bis heute ungebrochen ist.

In arbeitsteiligen Gesellschaften macht jeder das, was er am besten kann – und lässt sich von anderen dafür bezahlen.

Alte Kooperationen
Seit Urzeiten gibt es Teamwork – auch zwischen verschiedenen Arten

Kooperation hat die Evolution schon lange vor dem Menschen „erfunden". Wölfe schaffen es am besten im Rudel, ein großes Beutetier wie einen Elch in die Enge zu treiben und dann auch zu reißen. Die grauen Räuber jagen zwar auch allein, begnügen sich dann aber mit erheblich kleinerer Beute. Auch Löwinnen erlegen ihre Beute normalerweise gemeinsam.

Verteidigung im Team
Kooperatives Verhalten hilft aber auch vielen Vegetariern. Beispielsweise hat selbst die mächtige Moschusochsenmutter allein kaum eine Chance gegen Wölfe, die es auf ihr neugeborenes Kalb abgesehen haben. Daher flieht die Herde zum nächsten kleinen Hügel oder zumindest an eine Stelle mit weniger hohem Schnee. Dort stellen sich erwachsene und halbwüchsige Moschusochsen mit dem Kopf nach außen in einem engen Kreis auf. In der Mitte finden die bei der Geburt oft nur 12 kg schweren Kälber Schutz. Jetzt müssen die Wölfe frontal eine Phalanx von direkt auf sie gerichteten spitzen Hörnern attackieren. Solche Beute ist einfach zu schwer zu erlegen, meist ziehen die Wölfe unverrichteter Dinge wieder ab. Für die Moschusochsen aber hat sich das Teamwork gelohnt, kein Tier der Herde ist zu Schaden gekommen.

Fortpflanzungsteams
Offensichtlich beruht sogar ein großer Teil des Lebens auf der Erde auf Kooperation. Fast alle Bäume und Sträucher, viele Gräser und Blütenpflanzen auf dem Globus verlassen sich bei ihrer Fortpflanzung auf Insekten. Damit diese die gewünschte Dienstleistung auch erbringen, werden sie meist reichlich mit nahrhaftem Nektar entlohnt. Brot gegen Arbeit lautet also auch im Tier- und Pflanzenreich das Prinzip, das man eigentlich eher menschlichen Gesellschaften zugeordnet hat.

Symbiose
Noch einen Schritt weiter geht die sogenannte Symbiose: Den in ihren Kalkwohnungen lebenden Steinkorallen in den tropischen

---

Tierische Kooperationen

Teamwork funktioniert auch unter Wasser in einem Korallenriff. Dort holen Putzerfische und Putzergarnelen aus dem Maul und den Kiemen von großen Zacken- oder Riffbarschen Nahrungsreste und Parasiten. Für diese Mundhygiene stellen die Raubfische sich oft geduldig an und warten, bis sie mit dem Zähneputzen an der Reihe sind.

Meeren reicht das gefangene Plankton oft nicht zum Leben. Sie haben deshalb Untermieter aufgenommen, die Biologen Zooxanthellen nennen. Das sind winzige Algen, die im Körper der Steinkoralle leben und aus Sonnenlicht, Wasser und Kohlendioxid wichtige Nährstoffe wie Zucker machen. Bei diesem Zusammenleben (Symbiose) schützen die Korallen ihre Mitbewohner vor Feinden, im Gegenzug zahlen die Algen ihren Schutzherren eine Art Miete in Form von Nährstoffen.

Auch im Darm des Menschen lebt eine Reihe unterschiedlicher Bakterien, die beim Verdauen der Nahrung hilft. Im Gegenzug erhalten die Mikroorganismen nicht nur Schutz, sondern auch Nahrung – sozusagen frei Haus.

Neue Organismen
Biologen kennen viele solcher extrem engen Kooperationen: Pilze tun sich so eng mit sogenannten Cyanobakterien oder mit Grünalgen zusammen, dass ein völlig neuer Organismus entsteht: eine Flechte. Die Pilze profitieren dabei von den Nährstoffen, die ihre Partner aus Sonnenlicht, Kohlendioxid der Luft und Wasser herstellen. Im Gegenzug schützt der Pilz seinen Partner vor raschem Austrocknen und der gefährlichen ultravioletten Sonnenstrahlung.

Eine Lebensgemeinschaft der besonderen Art: Pilze und Cyanobakterien oder Grünalgen bilden eine Flechtensymbiose, von der beide Partner profitieren.

Kooperation bei Schimpansen
Gegenseitige Hilfe gibt es auch in der Verwandtschaft des Menschen

So leicht kommt der Schimpanse Namukisa auf der Ngambainsel in Uganda nicht an die Leckereien vor den Stangen seines Käfigs heran. Dabei weiß das Tier ganz genau, wie es vorgehen muss: Einfach an beiden Enden eines Seiles gleichmäßig ziehen und so das Futter auf dem Holzbrett zu sich her schleifen. So hat das vor Kurzem noch hervorragend geklappt.

Forschertricks
Jetzt aber haben die Forscher vom Max-Planck-Institut für evolutionäre Anthropologie in Leipzig die beiden Seilenden statt 55 cm satte 3 m weit auseinandergelegt. Da

> ### Kooperativer Vorfahre
> Wenn sie dabei profitieren, kooperieren die Schimpansen also recht geschickt miteinander. Michael Tomasello vom Max-Planck-Institut für evolutionäre Anthropologie in Leipzig vermutet daher, dass schon der gemeinsame Vorfahre von Menschen und Schimpansen vor 6 Mio. Jahren so raffiniert mit seinesgleichen zusammengearbeitet haben könnte. Die Kooperation würde daher also bereits dem Baby mit in die Wiege gegeben werden.

reichen die beiden Schimpansenarme einfach nicht mehr gleichzeitig an beide Enden. Zieht man aber nur an einem Ende, rutscht das Seil aus den Ösen am Brett heraus. Die Leckereien auf dem Brett bewegen sich in diesem Fall nicht und bleiben unerreichbar weit hinter den Gitterstäben liegen.

So schnell aber gibt ein Schimpanse auf der Ngambainsel nicht auf. Die Tiere leben dort in einer Waisenstation, weil Wilderer ihre Eltern auf der Jagd nach einer in Afrika „Bushmeat" genannten Fleischmahlzeit getötet haben. Mithilfe dieser Waisen-Schimpansen versuchen der Leipziger Max-Planck-Direktor Michael Tomasello und seine Mitarbeiter dem Verhalten der nächsten Verwandten des Menschen auf den Grund zu gehen.

Nachbarschaftshilfe
Die Tiere verstehen schnell, dass sie allein keinerlei Chance haben, an das Futter zu kommen, wenn die Seilenden 3 m weit auseinanderliegen. Also öffnen sie mit einer Art hölzernem Schlüssel die Tür zum Nebenraum und lassen Bwambale ein. Dieser Schimpanse kennt den Trick bereits und greift sich ein Seilende. Allerdings zieht er erst daran, wenn auch Namukisa am anderen Ende zupft. Prompt gelingt die Kooperation, das Brett mit

den Leckereien rückt an die Gitterstäbe heran und beide Schimpansen können sich nach vollendetem Teamwork den Bauch füllen.

Sinn für eine solche Zusammenarbeit haben Schimpansen aber nur, wenn sie wirklich nötig ist. Liegen die Seilenden nur 55 cm auseinander, kann ein Schimpanse das Futter problemlos mit beiden Armen allein heranziehen. Die Tür zum Partner öffnen die Tiere in diesem Fall normalerweise nicht und lassen so den Kumpel hungern. Kooperation gibt es also nur, wenn das Individuum nicht weiterkommt.

Ausgewählte Helfer
Die Schimpansen wissen nach einigen Versuchen auch recht genau, wer ihnen wirklich helfen kann. Mawa z. B. ist zwar als Chef der Schimpansenhorde unangefochten, beim Seilziehen aber ist er eine Niete. Auf seinen Partner wartet der ungeduldige Mawa kaum und zieht oft viel zu früh am Seil. Andere Schimpansen lernen das schnell. Sobald sie die Wahl zwischen zwei Türen haben, bitten sie daher den geschickten Bwambale herein, während Mawa mit knurrendem Magen hinter der verschlossenen Tür sitzenbleibt.

Gegenseitige Hilfe ist keine Spezialität des Menschen. Auch Schimpansen kennen sie.

Die Wurzeln des Altruismus
Auch junge Schimpansen sind bereits selbstlos

Tiere kooperieren häufig, die Evolution hat das Teamwork also bereits sehr früh „entwickelt". Menschen aber gehen einen gewaltigen Schritt weiter. Sie helfen anderen auch dann, wenn sie keine Gegenleistung dafür bekommen, z. B. wenn sie Blut spenden oder Bedürftigen Geld und Kleider geben. Altruismus nennt man diese Verhaltensweise, die Forscher bei Tieren bisher kaum beobachten.

Hilfsbereite Wickelkinder
Ob dieser Altruismus angeboren ist, versucht Felix Warneken vom Max-Planck-Institut für evolutionäre Anthropologie in Leipzig mit der Hilfe kleiner Kinder zu beantworten. Die mögen im Alter von 18 Monaten noch in Windeln eingepackt sein, Altruismus aber praktizieren sie bereits: Fällt dem Forscher beim Aufhängen feuchter Wäsche scheinbar unabsichtlich eine Wäscheklammer so zu Boden, dass er selbst nicht mehr daran kommt, eilen die Kleinen fast immer herbei, heben die Klammer auf und reichen sie freudig glucksend dem verblüfften Wissenschaftler. Auch Fremden bringen die Windelkinder gern eine Wäscheklammer.

Wirft der Forscher eine Klammer allerdings offensichtlich absichtlich zu Boden, durchschauen die Kleinen ihn und er wartet vergeblich auf Hilfe. Bei einem vermeintlich echten Missgeschick aber helfen die Wickelkinder auch in komplizierten Fällen. Landet beispielsweise ein Löffel scheinbar aus Versehen in einer Kiste, aus der er nur durch eine Klappe herausgefischt werden kann, zeigt der Nachwuchs dem vermeintlich ungeschickten Forscher bereitwillig den Trick. In keinem dieser Fälle winkt den Kindern eine Belohnung – diese Art Altruismus scheint Menschen also angeboren zu sein.

Schimpansenhilfe
Wiederholt Felix Warneken das Wäscheklammer-Experiment mit drei jungen Schimpansen im Alter zwischen 3 und 4,5 Jahren, die bei Menschen aufgewachsen sind, helfen sie ebenfalls völlig uneigennützig. „Vielleicht sind Schimpansen gar nicht so anders, wie wir denken," meint Warneken. Die Affenhilfe funktioniert allerdings nur in einfachen Fällen, fällt der Löffel in die Kiste, zeigen die Schimpansenkinder die Klappe nicht.

Ohnehin scheint der Altruismus bei Schimpansen nur bestimmte Bereiche zu umfassen. Geht es um das leibliche Wohl, ist das Ende der Hilfsbereitschaft schnell erreicht – das zeigt eine Reihe von Experimenten. Können Schimpansen beispielsweise wählen, ob nur sie selbst Futter bekommen oder ob auch der Nachbar einen Teil von den Leckereien erhält, während der eigene Anteil am Futter nicht geschmälert wird, zeigen sie nur mäßige Nächstenliebe. In der Hälfte der Fälle versorgen sie den Nachbarn mit, in der anderen Hälfte eben nicht.

Solange es ums Futter geht, denken Schimpansen anscheinend nur an den eigenen Bauch: Wenn die Tiere in einen Raum voller Leckereien dürfen, stopfen sie sich natürlich voll. Während sie kauen, haben sie dann die Hände frei. In solchen Momenten kommen sie aber nie auf die Idee, Leckereien durch ein offenes Fenster zu einem anderen Schimpansen zu werfen, der dort hungrig wartet.

Eigennützige Betriebswirte

Dem Menschen ist der Altruismus nicht nur angeboren, sondern er wird auch von der Kultur geformt. Betriebswirte etwa sollen ja den Gewinn für ihr Unternehmen maximieren. In entsprechenden Tests erweisen sie sich prompt als deutlich weniger uneigennützig als andere Gruppen, die sich – wie beispielsweise Volkswirte – mehr dem Gemeinwohl verpflichtet fühlen.

Mitarbeiter des Deutschen Roten Kreuzes sammeln
für die Opfer des Tsunamis am 26. Dezember 2004.
Menschen verhalten sich aber nicht nur bei
Katastrophen, sondern auch in vielen anderen
Situationen altruistisch.

Urtümliche Verwandtschaft
Der Fund des Neandertalers sorgt für eine Sensation

Heute verfolgen Wissenschaftler die Wurzeln von Altruismus und anderen menschlichen Verhaltensweisen bis weit ins Tierreich zurück. Das wäre früher undenkbar gewesen. Denn lange Zeit galt *Homo sapiens* als in jeder Hinsicht einzigartig. Die Idee, dass es noch andere Mitglieder derselben Menschengattung gegeben haben könnte, schien absurd.

Ein „Idiot" aus Düsseldorf
Dann aber tauchte im August 1856 im Neandertal bei Düsseldorf ein unscheinbarer Haufen von 16 Knochen auf – und stellte das Selbstverständnis der Menschheit auf den Kopf. In einem Kalksteinbruch hatten Arbeiter die Skelettreste aus einer Lehmschicht gehackt und zunächst achtlos weggeworfen. Erst auf Anweisung des Steinbruchbesitzers wurden sie wieder eingesammelt und dem Naturforscher Johann Carl Fuhlrott zur Begutachtung geschickt.

Der erkannte sofort, dass die Knochen einem Menschen gehört haben mussten. Nur was für einem? Ein langer Schädel und eine niedrige, fliehende Stirn, eine große, breite Nase und dicke Wülste über den Augen, kein Kinn, dafür aber ein ungewöhnlich starkes Gebiss – so sah kein Mensch des 19. Jh. aus. Fuhlrott zog den Bonner Anatomen Hermann Schaaffhausen zurate und beide waren sich einig: Es musste sich um eine sehr urtümliche Form des Menschen handeln.

Das aber war zur damaligen Zeit ein geradezu revolutionärer Gedanke. Gott hatte doch angeblich den Menschen als Krone der Schöpfung nach seinem Bild geschaffen. Da war kein Platz für irgendwelche primitive Verwandtschaft mit flachem Schädel. Etliche Wissenschaftler vermuteten daher, der Mann aus dem Neandertal sei einfach ein moderner Mensch mit missgebildetem Kopf gewesen. Der Anatom und Anthropologe Franz Pruner-

Bey schrieb in einem Brief an Fuhlrott: „Ihr Neandertaler ist wahrscheinlich ein Idiot".

Die ersten Europäer
Inzwischen ist längst klar, dass diese Annahme nicht stimmt. Die Knochen aus dem Steinbruch sind etwa 42 000 Jahre alt. Damit galt der Neandertaler damals als erster Europäer. Allerdings wurden vergleichbare Überreste später auch außerhalb Europas gefunden. Ungefähr in der Zeit vor 130 000 bis vor 30 000 Jahren hat der uns nahe stehende Verwandte auch in der Türkei, im Irak, in Israel und Marokko gelebt. Als vor etwa 40 000 Jahren der Afrikaner *Homo sapiens* in Europa angekommen war, trafen beide Arten aufeinander: Das untersetzte, etwa 1,6 m große Kraftpaket Neandertaler und der schlankere moderne Mensch. Etliche Tausend Jahre waren sie Nachbarn – und zumindest ab und zu dürften sie sich direkt gegenübergestanden haben. So wurden in St. Césaire in Frankreich 36 000 Jahre alte Neandertalerknochen gefunden. Ihr Besitzer muss ein Zeitgenosse jener modernen Menschen gewesen sein, die ganz in der Nähe Höhlenwände mit Malereien verziert haben. Vor etwa 30 000 Jahren aber endete das Zusammenleben, der Neandertaler starb aus. Was genau ihm zum Verhängnis wurde, ist bis heute ein Rätsel.

Der Weg zum Menschen

Ein Mischlingskind aus Portugal
Der letzte bekannte Neandertaler starb vor 27 000 Jahren in Spanien. Mischlinge dieser Art aber könnten nach Ansicht einiger Forscher noch länger gelebt haben. So wurden in Lagar Velho in Portugal die 24 500 Jahre alten Überreste eines Kindes gefunden, das einerseits die Schädelwölbung und das vorspringende Kinn eines Homo sapiens, andererseits aber die typischen Beine eines Neandertalers hatte.

So oder so ähnlich hat er ausgesehen, der Neandertaler. Mit modernen Hilfsmitteln haben ihn Wissenschaftler anhand der fossilen Überreste wirklichkeitsgetreu modelliert.

Ein Mensch mit Kultur
Neandertaler pflegten Kranke und bestatteten ihre Toten

Lange galt der ausgestorbene Neandertaler einfach als zu dumm zum Überleben. Viele Forscher nahmen an, dass der geistig haushoch überlegene moderne Mensch seinen primitiven Verwandten einfach verdrängt habe. Doch je mehr über den Neandertaler bekannt wurde, umso mehr begann das Bild vom grobschlächtigen Kulturbanausen zu bröckeln.

Werkzeugmacher und Krankenpfleger
So hatten Neandertaler durchaus ein Talent für die Werkzeugherstellung. Sie nutzten ebenso wie der moderne Mensch die sogenannte Levallois-Technik, mit deren Hilfe

man mit einem einzigen gezielten Schlag komplette Klingen von einem Stein abspalten kann. Dazu muss man allerdings millimetergenau auf einen bestimmten Punkt treffen – was zumindest für heutige Menschen nicht so einfach ist. Wissenschaftler haben die Methode nachzuahmen versucht und festgestellt, dass man nur mit viel Übung ein brauchbares Stück bekommt, das man dann zu einem Schaber oder Messer verarbeiten kann.

Neandertaler waren aber nicht nur geschickte Werkzeugmacher, auch in ihrem Zusammenleben scheinen sie durchaus kultiviert gewesen zu sein. So haben sie verletzte und kranke Artgenossen nicht etwa hilflos zurückgelassen, sondern versorgt und gepflegt, wie Funde belegen: Ein in La Chapelle-aux-Saints in Frankreich entdecktes Exemplar hat zu Lebzeiten nicht nur an Arthritis gelitten und sich einen Rippenbruch zugezogen, sondern musste mangels Backenzähnen auch noch auf dem bloßen Kiefer kauen. Sein berühmter Artgenosse aus dem Neandertal hatte sich den linken Arm gebrochen, den er anschließend nie mehr richtig bewegen konnte. Am schlechtesten aber ging es wohl einem Neandertaler-Mann aus Shanidar im Irak. Wegen einer Schädelverletzung konnte er wahrscheinlich auf dem linken Auge nichts mehr sehen. Ihm

fehlte eine Hand, ein Arm war verkrüppelt, ein Bein mehrfach gebrochen. Und trotzdem hat er wie viele seiner schwer verletzten Artgenossen noch längere Zeit gelebt. Wie die Behandlung der Blessuren ausgesehen hat, weiß jedoch niemand so genau. Experten vermuten, dass diese Menschen schon die Wirkung bestimmter Heilpflanzen entdeckt hatten.

Die Erfindung der Bestattung
Und selbst ihre Toten ließen die Neandertaler nicht einfach im Stich. Sie waren wohl die ersten Menschen, die Verstorbene bestattet haben. Ein 100 000 Jahre altes Neandertalergrab fand sich in einer Höhle von Tabun in Israel. Einen ganzen Friedhof mit acht Neandertalern verschiedenen Alters haben Wissenschaftler unter einem Felsüberhang in La Ferrassie in Frankreich entdeckt. Es gibt unterschiedliche Ansichten darüber, ob die Neandertaler bei solchen Begräbnissen bestimmte Riten zelebrierten und wie diese ausgesehen haben könnten. Doch allein die Erfindung der Bestattung zeigt ein Maß an Kultur, das dem Knochenhäufchen aus dem Neandertal lange niemand zugetraut hatte.

Eine lebensecht nachgebildete Neandertalerin auf der Suche nach Feuerholz .

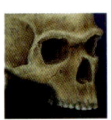

Die ersten Europäer waren auch am Don

Moderne Menschen kamen vor gut 40 000 Jahren nach Europa und Sibirien

Ein paar steinerne Speerspitzen und Sticheln, Nadeln aus Tierknochen und ein Stück Elfenbein, aus dem ein Künstler anscheinend einen Kopf nachbilden wollte – so sehen Dinge aus, die Frühmenschenforscher zum Jubeln bringen. Die am Mittellauf des Don rund 400 km südlich von Moskau gefundenen Kleinigkeiten sind nämlich nicht nur Utensilien von Steinzeitmenschen, sondern auch ziemlich alt: 42 000 bis 45 000 Jahre lagen die Speerspitzen, Nadeln und der Elfenbeinkopf an dieser „Kostenki" genannten Stelle in den Uferterrassen des Don begraben.

Ankunft in Europa

Ungefähr genauso alt sind die ersten Spuren des modernen Menschen Homo sapiens auch in anderen Teilen Europas. Knapp 40 000 Jahre lagen beispielsweise die ältesten Homo sapiens-Steinwerkzeuge im Boden des heutigen Österreich. Und vor etwa 36 000 Jahren starb ein moderner Mensch, dessen Überreste im heutigen Rumänien gefunden wurden. Die weiten Steppen im Osten Europas erreichten die modernen Menschen also ungefähr zur gleichen Zeit wie den Rest des europäischen Kontinents.

Solche Zahlen aber werfen nicht nur ein Schlaglicht auf das Eintreffen unserer Vorfahren in Europa, sondern liefern auch einen wichtigen Mosaikstein für das Puzzle, das die Geschichte unserer Art Homo sapiens für die Frühmenschenforscher immer noch bildet. Klar ist bisher nur, dass der erste Homo sapiens vor knapp 200 000 Jahren vermutlich über die Savannen im östlichen Afrika lief. Für die folgende Zeit aber haben die Wissenschaftler wenig handfeste Daten.

Zwischenstation Israel

Vor ungefähr 120 000 Jahren tauchten die ersten modernen Menschen im heutigen Israel auf. Damals hatten sich die Gletscher der vorletzten Eiszeit noch weiter als heute zurückgezogen. Die Temperaturen lagen ein wenig höher als heute und in Mitteleuropa tummelten sich damals Flusspferde. Nach wenigen Tausend Jahren aber kam die Eiszeit zurück und beendete wohl das Intermezzo des Homo sapiens im Nahen Osten.

Vor 50 000 oder 60 000 Jahren aber verließ Homo sapiens erneut die Wiege seiner Art in Ostafrika. Diesmal klappte die Auswanderung erheblich besser, bis nach Südostasien kamen die modernen Menschen damals. Sogar im fernen Australien hinterließ Homo sapiens seine ersten Spuren bereits vor ungefähr 44 000 bis 48 000 Jahren. Auch in den Süden

Afrikas wanderten die Menschen damals ein, beweist ein bereits 1952 in der Stadt Hofmeyr in der südafrikanischen Provinz Ostkap gefundener Schädel. Er ähnelt stark dem gleich alten Homo sapiens-Fund in Rumänien – Südafrikaner und Europäer sollten also wirklich von der gleichen Menschengruppe in Ostafrika abstammen.

Europäer aus Asien

Als Homo sapiens vom heutigen Djibouti in Afrika aus auf die Arabische Halbinsel übersetzte, kam der Vormarsch nach Europa und Zentralasien erst einmal im westlichen Asien für 5000 bis 10 000 Jahre ins Stocken. Erst als die Eiszeit eine kleine Pause machte, brachen vor rund 45 000 Jahren die Menschen von dort in das südliche Sibirien auf und erreichten die auch damals eisfreien arktischen Gebiete Sibiriens vor 30 000 Jahren. Wohl gleichzeitig begann der lange Marsch des Homo sapiens von seinem Zwischenstopp im westlichen Asien aus in die Mittelmeerregion und in den Süden und Westen Europas. Den Osten Europas aber erreichten unsere Vorfahren wohl eher über den Kaukasus – das zeigen die Funde am Don und ein Blick auf eine Weltkarte.

Der Weg zum Menschen

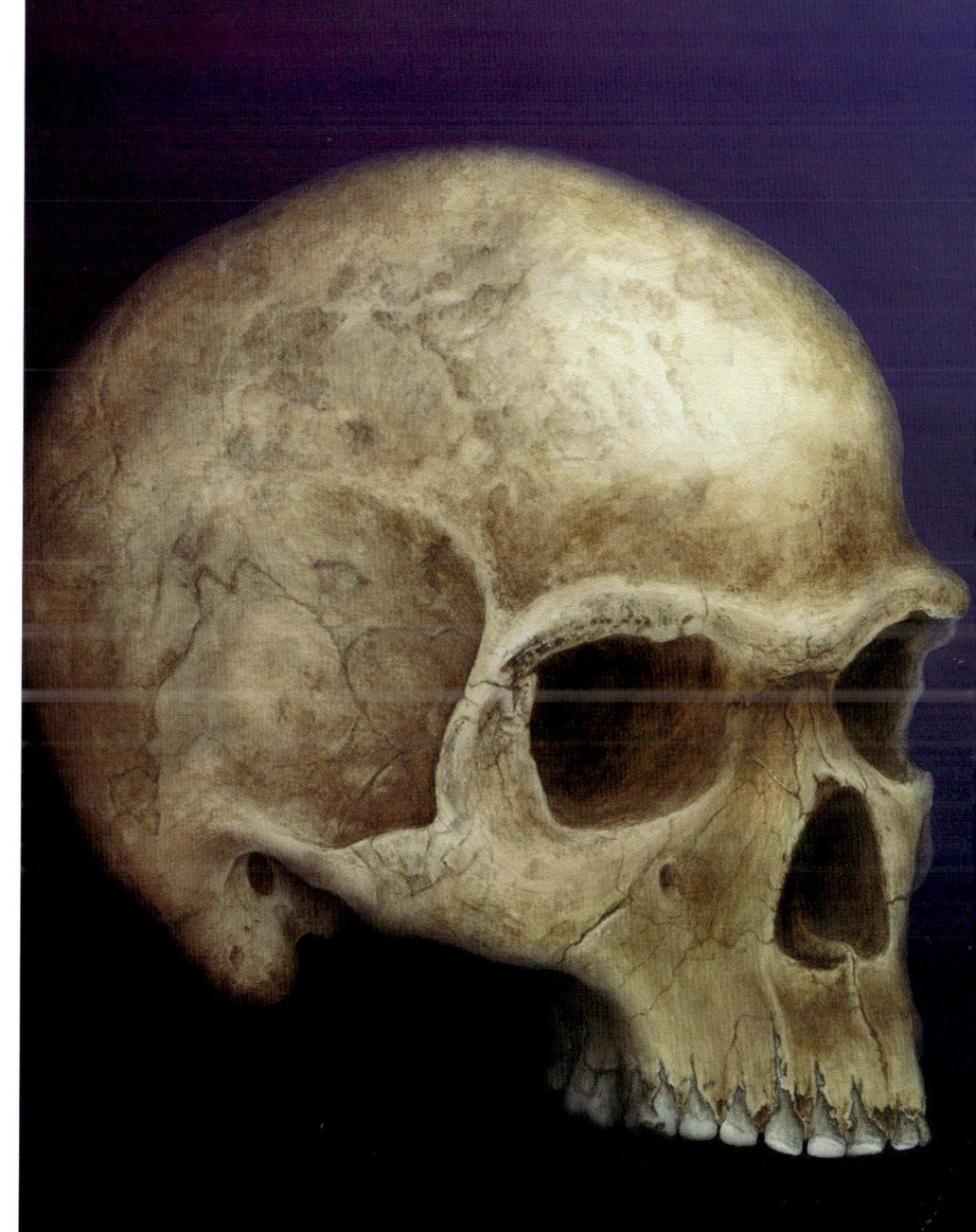

Der 1952 nahe der Stadt Hofmeyr in der südafri-
kanischen Provinz Ostkap gefundene Schädel (hier
eine Zeichnung) dient als wichtiger Mosaikstein bei
der Rekonstruktion des Ausbreitungsmusters von
Homo sapiens.

Menschen im Flaschenhals

Weil die Art Homo sapiens fast ausgestorben war, hat der Rassismus keine Grundlage

Ein Blick auf die Völker beweist scheinbar die Existenz menschlicher Rassen: Der Pygmäe aus dem Regenwald Zentralafrikas sieht völlig anders aus als der Ire mit seinem feuerroten Haarschopf. Chinesen mit eher rundlichen Gesichtern, „Schlitzaugen" und pechschwarzen Haaren ähneln so gar nicht dem blonden Skandinavier mit seinem länglichen Gesicht und strahlend blauen Augen.

Wie viele Rassen gibt es?

Solche Vergleiche aber beweisen nicht etwa, dass es menschliche Rassen gibt, sondern zeigen genau das Gegenteil. Ohne Probleme kann man ein paar hundert weitere Vergleiche über die Form von Köpfen und Nasen oder über Intelligenz anstellen, die alle ähnliche Unterschiede zwischen Bevölkerungsgruppen zeigen. Genau das aber ist das größte Problem der Wissenschaftler, die von „menschlichen Rassen" sprechen: Niemand weiß, wie viele dieser Rassen es geben soll. Zwei, drei, zehn, vielleicht sogar ein paar Hundert sind in der Diskussion. Ganz unfreiwillig entzieht dieses Wirrwarr dem Rassismus die Grundlage.
Wenn aber die äußeren Eigenschaften so wenig darüber aussagen, ob es menschliche Rassen gibt und wenn ja, welche das sind, sollte man sich vielleicht auf die inneren Werte

der Art *Homo sapiens* konzentrieren. Bei Molekularbiologen wird man in dieser Frage sofort fündig: Sie haben im Erbgut des Menschen den endgültigen Beweis gefunden, dass es solche Rassen gar nicht geben kann.

Ähnliche Menschen

Bei vielen anderen Tierarten und vor allem bei unseren nächsten Verwandten, den Primaten oder Affen, sind die Unterschiede im Erbgut zwischen den einzelnen Individuen erheblich größer als beim Menschen. Offensichtlich sind verschiedene Menschen also deutlich enger miteinander verwandt als die meisten Tiere. Diese enge Verwandtschaft resultiert vermutlich aus einem „genetischen Flaschenhals": Offensichtlich haben die harschen Bedingungen der letzten Eiszeit ihren Tribut

---

Blonde Italiener

Ein großes Problem für die Verfechter von Rassenkonzepten ist der Schwede mit pechschwarzem Haar und der blonde Italiener, dessen blaue Augen weniger die Glut des Südländers sondern eher die Kühle des Nordens widerspiegeln. Und sogar bei den Pygmäen gibt es Menschen, die größer als so mancher Mitteleuropäer sind.

---

gefordert. Vor rund 70 000 Jahren lebten jedenfalls wie es scheint nur noch rund 2000 moderne Menschen auf der Erde. Die Zahl der Vorfahren und damit auch die Vielfalt im Erbgut ist demnach nicht besonders hoch. Obendrein aber mischen sich Menschen aufgrund ihrer sehr hohen Mobilität auch noch kräftig mit jeweils weit entfernten Gruppen.
Für die Bildung von Rassen sind das miserable Voraussetzungen: Rassen entstehen bei Tieren nur, wenn verschiedene Gruppen möglichst wenig Kontakt miteinander haben. Ist dann auch noch das Erbgut der Individuen recht unterschiedlich, können verschiedene Eigenschaften in dieser Isolation leicht angehäuft oder aussortiert werden. Genau diese Eigenschaften definieren dann eine Rasse. Beim Menschen aber zeigen diese Voraussetzungen praktisch genau das Gegenteil an: Das Erbgut verschiedener Individuen ist zu 99,9 Prozent identisch und die diversen Gruppen haben nicht erst seit Beginn des Luft- und Bahnverkehrs oder seit Erfindung des Autos regen Kontakt untereinander. Mit diesem Argument entziehen Genetiker jedem Rassismus die naturwissenschaftliche Grundlage.

Pygmäen des afrikanischen Regenwalds erreichen eine Größe von durchschnittlich 1,5 m.

Die Wanderung des Magenbakteriums

Die Krankheitserreger Helicobacter pylori entwickeln sich mit den Menschen

Von den Bakterien *Helicobacter pylori* verursachte Magengeschwüre plagten den modernen Menschen *Homo sapiens* wohl bereits vor rund 60 000 Jahren, als er aus seiner Heimat im Osten Afrikas aufbrach, um den gesamten Globus zu erobern. Mark Achtman vom Max-Planck-Institut für Infektionsbiologie in Berlin schließt das aus dem Erbgut von *Helicobacter pylori* in den Mägen der Menschen verschiedener Völker der Welt.

Völkerwanderung

Das Ergebnis ist eindeutig: Je weiter die Völker voneinander entfernt leben, umso deutlicher unterscheidet sich normalerweise das Erbgut der *Helicobacter-pylori*-Bakterien in ihren Mägen. Genau das Gleiche fanden Wissenschaftler auch für die sehr geringen Unterschiede im Erbgut der Menschen in diesen Völkern.

Für Evolutionsbiologen ist der Fall damit klar: Einst brachen Menschen aus ihrer gemeinsamen Heimat auf, die nach Ansicht praktisch aller Forscher irgendwo in Ostafrika liegt. Je länger die Wanderung zu ihrem neuen Zuhause dauerte, umso mehr Zeit hatte das Erbgut, sich zu verändern. Daher unterscheiden sich Inder ein wenig von Chinesen, die viel weiter und länger gewandert sind.

Koevolution im Flaschenhals

Da sie nur im Magen von Menschen leben, mussten die *Helicobacter-pylori*-Bakterien diese Entwicklung zwangsläufig mitmachen. Sollten sie schon von Anfang an im Magen des modernen Menschen *Homo sapiens* gelebt haben, müssten sie heute also umso unterschiedlicher sein, je weiter die Menschen und damit auch sie voneinander entfernt lebten. Genau das ist auch der Fall.

Mehr noch, auf ihrer Wanderung mussten die Völker der Erde wiederholt Situationen überstehen, in denen nur wenige Individuen überlebten. Als die Vorfahren der Polynesier vor einigen Tausend Jahren aus Neuguinea oder Taiwan aufbrachen und die Inselwelt des Pazifik eroberten, erreichten wohl jeweils nur wenige Menschen die nächste Insel in der Südsee. Auch die gefährliche Wanderung zwischen den mächtigen Eiszeitgletschern von Ostasien bis nach Nordamerika haben wohl nur wenige Individuen geschafft. Da solche „Flaschenhälse" nur das Erbgut derjenigen übrig lassen, die es tatsächlich geschafft haben, verschwindet dabei ein großer Teil der Vielfalt, die das Erbgut einer Art normalerweise hat.

Abnehmende Vielfalt

Tatsächlich finden die Forscher dann auch, dass die Vielfalt des Erbguts umso geringer wird, je weiter die Menschen von ihrer Wiege im Osten Afrikas entfernt leben. Für die *Helicobacter pylori* in ihren Mägen gilt genau der gleiche Zusammenhang. Damit aber scheint sicher, dass die Bakterien schon vor 60 000 Jahren in den Mägen der Menschen lebten, die damals aus Ostafrika aufbrachen.

Bakterien auf Völkerwanderung

Rekonstruieren Forscher aus dem Erbgut der Magenbakterien deren Wanderwege über den Globus, erhalten sie ähnliche Ergebnisse wie Frühmenschenforscher sie aus dem Erbgut der Menschen und aus Funden ihrer Werkzeuge ermittelt haben. Demnach erreichten z. B. Menschen aus dem Osten Asiens erstmals vor 10 000 bis 12 000 Jahren über die Beringstraße Alaska und wanderten vor 6000 bis 8000 Jahren über Mittelamerika weiter in den Süden des Doppelkontinents. Und die Polynesier sollten vor 3000 bis 4000 Jahren begonnen haben, auf ihren Auslegerkanus die Inseln der Südsee zu erobern.

Der Weg zum Menschen

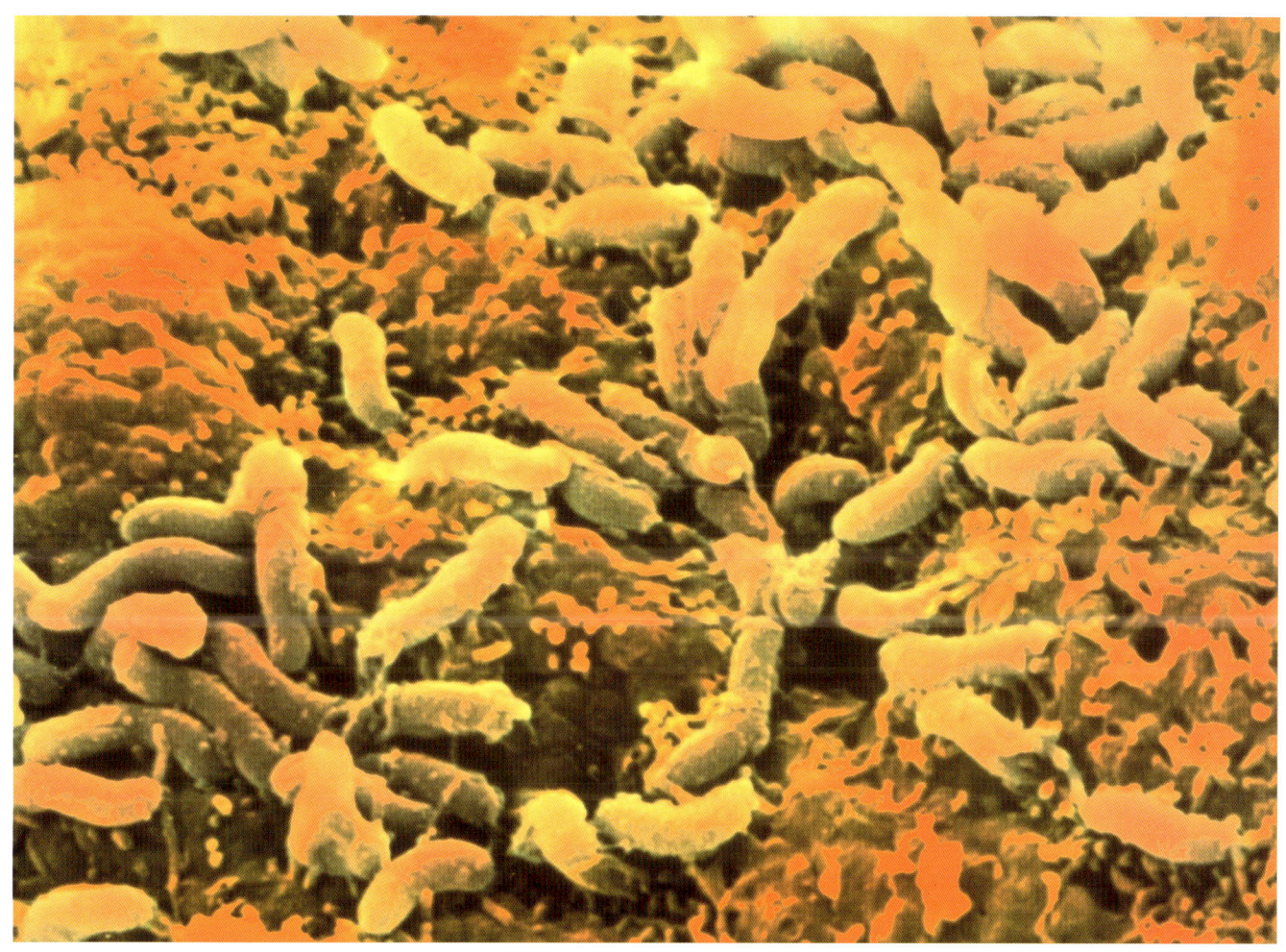

Nicht nur Mediziner, sondern auch Evolutions-
biologen interessieren sich für das Magenbakterium
Helicobacter pylori, *hier 2000-fach vergrößert.*

Laktosetoleranz: Wie Homo sapiens lernt, Milch zu trinken

Die Viehhaltung treibt die Evolution des Menschen voran

Der Weg zum Menschen

Im Erbgut des Menschen hat auch eine Revolution ihre Spuren hinterlassen. Gemeint ist eine Umwälzung, die Jahrtausende zurückliegt: Als die Menschen der Steinzeit sich in Europa vor etwa 8000 Jahren von Jägern und Sammlern zu Ackerbauern und Viehzüchtern wandelten, änderten sie gleichzeitig ihre Lebensweise drastisch. Statt als Nomaden umherzustreifen, bauten sie erstmals feste Häuser und blieben die meiste Zeit des Jahres an Ort und Stelle. Nach dem Wort „Neolithikum" für Jungsteinzeit wird diese Umwälzung „Neolithische Revolution" genannt.

Milch für Steinzeitbauern

In dieser Phase wurde plötzlich eine Erbeigenschaft wichtig, die Kindern und Erwachsenen hilft, auch nach dem Abstillen Milch zu verwerten: Um den in der Milch vorhandenen Milchzucker Laktose zu verdauen, produzieren Säuglinge ein spezielles Enzym mit dem Namen Laktase. Sobald die Kinder nicht mehr gestillt werden, versiegt auch die Herstellung dieses Enzyms weitgehend. Einige wenige Menschen aber haben eine kleine Veränderung im Erbgut, „-13,910*T" genannt, die den Produktionsstopp für das Laktaseenzym verhindert. Noch als Erwachsene können diese Menschen Milch verwerten. Ohne diese

Veränderung im Erbgut gelangt der Milchzucker dagegen unverdaut in den Dickdarm. Dort vergären ihn Bakterien. Blähungen und Durchfall können die Folge sein.

Als die ersten Bauern Ziegen, Schafe und Rinder hielten, hatten die Menschen, die Milch auch nach dem Säuglingsalter noch gut vertragen, also einen Riesenvorteil: Sie konnten die Milch der Tiere trinken, die obendrein auch noch relativ viel des wichtigen Spurenelements Kalzium enthält.

Schnelle Evolution

Im Maßstab der Evolution verlief die Auslese extrem schnell: 8000 Jahre nach den ersten Viehherden haben bereits über 90 Prozent aller Menschen in Norddeutschland, Skandinavien oder den Niederlanden „-13,910*T". Genau in diesen Ländern aber war die Viehzucht immer besonders wichtig. Je weiter man nach Süden geht, umso weniger Menschen vertragen noch als Erwachsene Milch, schon in Süditalien hat kaum noch jemand die Erbeigenschaft „-13,910*T". Wohl deshalb findet man in Norddeutschland oft ein Glas Milch auf dem Frühstückstisch, in Süditalien kann man dieses Getränk dagegen lange suchen.

Seltener Vorteil

Anfangs konnte allerdings kaum jemand diesen Vorteil nutzen: In keinem einzigen Erbgut aus neun Knochen verschiedener Menschen, die vor 7800 bis 7200 Jahren in Europa gestorben waren, fanden die Forscher die Veränderung „-13,910*T". Damals wurden gerade die ersten Viehherden gehalten. Während der neolithischen Revolution war diese Erbeigenschaft offensichtlich noch sehr selten, die größeren Kindern und Erwachsenen beim Verdauen von Milchzucker hilft. Das einzige untersuchte Skelett aus dem Mittelalter dagegen war ein Volltreffer: Der um das Jahr 600 nach der Zeitenwende gestorbene Mann hatte „-13,910*T" und konnte wohl auch als Erwachsener ohne Probleme Milch trinken.

Positive Selektion

Der Gang der Evolution ist damit klar: Die ersten Viehzüchter konnten ihre Kinder in Notzeiten mit Milch durchfüttern, wenn sie Milch vertrugen. Menschen mit der Erbeigenschaft „-13,910*T" wurden daher auch häufiger erwachsen und vererbten diese Eigenschaft dann ebenso an ihre Kinder weiter. Positive Selektion nennen Biologen eine solche Bevorzugung einer günstigen Erbeigenschaft.

*Weniger als zehn Prozent der Mittel- und Nord-
europäer sind laktoseintolerant und können nach
dem Säuglingsalter beim Trinken von Kuhmilch
Probleme bekommen.*

Weizen macht blass: Wie die helle Haut entstand

Die Landwirtschaft veränderte das Aussehen der Menschen

Die Erfindung der Landwirtschaft hat den Europäern nicht nur den Genuss von Milch gebracht, sondern ihnen auch ihre relativ helle Haut beschert. Im Prinzip ist das für den Rassismus zentrale Merkmal Hautfarbe also nur eine Anpassung an veränderte Umweltbedingungen.

Sonnenbrand und Landwirtschaft

Je stärker die Sonne vom Himmel brennt und je intensiver der ultraviolette Anteil des Lichtes dadurch wird, umso dunkler färbt eine Melanin genannte Substanz die Haut eines Menschen. Dieser vom Organismus selbst hergestellte Farbstoff lässt die gefährliche UV-Strahlung kaum in den Körper eindringen und schützt den Organismus so vor Sonnenbrand und Hautkrebs. Mit diesem Schutz allein aber lässt sich die Hautfarbe kaum erklären. Denn auch die geringeren UV-Dosen in Mitteleuropa können einen kräftigen Sonnenbrand auslösen, wie ein Blick auf verbrannte Nasen und Schultern im Frühsommer beweist. Es muss also noch einen anderen Grund geben, aus dem Mitteleuropäer hellere Haut als Zentralafrikaner haben.

Die Vitamine sind die Ursache

Dieser Grund heißt Landwirtschaft: Sobald die Menschen den Ackerbau erfunden hatten, standen plötzlich Getreide und daraus hergestellte Produkte ganz oben auf der Speisekarte. Emmer und Einkorn, Gerste und Roggen, Weizen und Dinkel aber enthalten kein Vitamin D, sondern nur eine Vorstufe dieser für den Organismus lebensnotwendigen Substanz. Um diese Vorstufe in Vitamin D umzuwandeln, benötigt der Organismus das ultraviolette Licht der Sonne.

Als die Getreidebauern in die sonnenärmeren Länder der höheren Breiten vordrangen, vergrößerte die hellere Haut zwar nach wie vor das Ultraviolett-Risiko kräftig. Gleichzeitig aber konnte der Organismus der Hellhäutigen das wichtige Vitamin auch bei überwiegender Ernährung mit Getreideprodukten in der Haut selbst herstellen. Weiter im Süden dagegen war das UV-Risiko zu hoch und zwang die Menschen, ihre dunkle Haut beizubehalten. Dort müssen sie ihren Bedarf an Vitamin D weiter vor allem aus Fleisch decken. Vegetarier haben es in Afrika also schwer, während die Nordlichter ihr leckeres Brot mit einem höheren Sonnenbrandrisiko bezahlen.

Dunkle Inuit

Der Vitamin-D-Bedarf erklärt auch die recht dunkle Haut der Inuit, die im hohen Norden nur schwacher ultravioletter Strahlung ausgesetzt sind. Getreide wächst im Norden Kanadas und auf Grönland ohnehin nicht, Inuit decken ihren Vitamin-D-Bedarf daher vor allem aus der Leber von Fischen. Wer aber kein Vitamin D in der Haut herstellen muss, leistet sich gern die dunkle Tönung, die ja vor Sonnenbrand in der glitzernden Eiswelt schützt.

Obwohl die Hautfarbe oft als Begründung für unterschiedliche Rassen genannt wird, ist sie nur eine Anpassung an die Umwelt und die Ernährung.

Wie der Rassismus seine Grundlagen verliert

Fremde werden erst angefeindet und dann assimiliert

Genauso wenig wie die Farbe der Haut taugen die Form des Schädels und der Nase oder die Körper- und Schuhgröße als mögliche „Erkennungsmerkmale" von Rassen. Trotzdem aber reagieren viele Menschen auf solche äußeren Eigenschaften mit latenten oder offenen Aversionen. Dieses „Ausgrenzen" trifft keineswegs nur Menschen aus anderen Kontinenten, sondern oft genug Leute, die aus dem Nachbarland stammen, einen anderen Dialekt sprechen oder gar nur im Nachbardorf leben. Anscheinend gehört die Abneigung gegen Fremde also zur Grundausstattung menschlichen Verhaltens.

Das Erbe der Jäger und Sammler

Solche Aversionen sind ein Erbe aus der Zeit der Jäger und Sammler. Nur wenn damals eine Gruppe ihr Revier gegen andere abgrenzte, fand sie genug Nahrung zum Überleben. Erst mit vier Jahren konnten die Kinder mit ihrer Gruppe auf eigenen Beinen mithalten, vorher musste die Mutter sie tragen. Aus diesem Grund bekam eine Sammlerin erst nach vier Jahren das nächste Kind, mehr als fünf Nachkommen hatte ein Paar daher im Lauf seines Lebens nicht. Und da drei dieser Kinder an Unfällen oder Krankheiten starben, bevor sie sich fortpflanzen konnten, blieb die Bevöl-kerung ungefähr konstant und das Revier musste nicht vergrößert werden.

Bevölkerungsexplosion der Steinzeit

Ganz anders war dagegen die Situation bei sesshaften Bauern. Nun konnten die Kinder schneller nacheinander geboren werden. Nach der Erfindung der Landwirtschaft explodierte daher die Bevölkerung. Das aber bedeutete, dass die Gruppen enger zusammenrücken mussten. Die früher meist isolierten Gruppen kamen so viel häufiger miteinander in Kontakt und das Abgrenzen gegen Fremde fiel umso schwerer. Diese Gefühle der Fremdenfeindlichkeit aus dem steinzeitlichen Jäger- und Sammlergehirn kommen noch heute wieder an die Oberfläche, wenn Fremde häufiger in der eigenen Gemeinschaft auftauchen.

> ### Die unmögliche Rasse
>
> *Ähnlich wie am Ende des 20. Jh. polnische und französische Namen in Deutschland als normal empfunden werden, dürfte am Ende des 21. Jh. der Vorname „Mehmet" oder der Familienname „Yilmaz" typisch deutsch sein. Vielleicht wird bis dahin auch der Begriff „menschliche Rasse" endgültig zu den Akten gelegt.*

Assimilation statt Verdrängung

Mit der Zeit aber wird der Fremde zum Mitglied der eigenen Gruppe. Das beweisen viele polnische und französische Namen in Deutschland: Im 17. Jh. flohen weit mehr als 250 000 Hugenotten in die umliegenden protestantischen Länder, am Ende des 19. Jh. fanden viele Polen im damals boomenden Ruhrgebiet Arbeit. Zunächst ebenfalls mit Argwohn betrachtet, hat man sich an die einstmals „Fremden" inzwischen so gewöhnt, dass ein Politiker namens Lafontaine und ein Fernsehkommissar mit Namen Schimanski als typisch „deutsch" gelten, obwohl deren Namen französisch oder polnisch sind.

Eine überlegene Rasse würde eine unterlegene mit der Zeit verdrängen, erklären Politiker, die ihren Rassismus mit Argumenten aus der Evolutionstheorie von Charles Darwin untermauern wollen. Evolutionsbiologen wehren sich vehement gegen diesen Missbrauch der Naturwissenschaft. Die Geschichte der Familiennamen in Deutschland und vielen anderen Ländern gibt den Wissenschaftlern recht: Nicht Verdrängung, sondern Vermischung lautet das gültige Prinzip.

Nicht Herkunft, sondern Bildung ist der moderne Schlüsselbegriff für unsere Zukunftschancen.

Im Archaikum enstehen die ältesten Lebewesen, sogenannte Stromatolithen. Diese aus Cyanobakterien (Blaualgen) gebildeten einzelligen Organismen betreiben Fotosynthese, womit sie zur Freisetzung von Sauerstoff in die Erdatmosphäre beitragen.

Die Erde entsteht vor etwa 4600 Mio. Jahren. Die Zeit zwischen 4600 bis 3900 Mio. Jahren vor unserer Zeit wird Hadaikum genannt. Aus dieser Zeit sind keinerlei Lebensspuren bekannt.

Das Erdzeitalter Paläozoikum, auch Erdaltertum genannt, umfasst die Zeit vor 543 bis vor 248 Mio. Jahren. Diese Zeitspanne teilen Geologen in sechs Perioden auf: Kambrium, Ordovizium, Silur, Devon, Karbon und Perm.

Archaikum
3,9–2,4 Mrd. Jahre

Hadaikum
4,6–3,9 Mrd. Jahre

Präkambrium
3,9 Mrd.–543 Mio. Jahre

Paläozoikum
543–248 Mio. Jahre

Proterozoikum
2,4 Mrd.–543 Mio. Jahre

Im Präkambrium, in der sogenannten Erdfrühzeit, tauchen die ersten Lebewesen auf. Dieses Erdzeitalter ist in zwei Perioden geteilt: Archaikum und Proterozoikum.

Im Proterozoikum nimmt die Komplexität der sich ständig weiter entfaltenden Bakterien und Cyanobakterien zu. Erste einzellige Organismen mit Zellkern und erste vielzellige Tiere tauchen auf.

Im Kambrium treten plötzlich zahlreiche wirbellose Tiergruppen in Erscheinung, wie Trilobiten, die zu den ersten Gliederfüßern gehören, aber auch weitere hartschalige Meerestiere sowie Schwämme, Korallen und Muscheln entstehen neu. Die ersten großen Fossilienfunde stammen aus den Gesteinen dieser Epoche.

In der Vergangenheit kam es fünf Mal zu erheblichen Veränderungen der Umwelt, die fünf große Massenaussterben zur Folge hatten. Eine allgemeine Abkühlung verursacht am Ende des Ordovizium das erste große Massenaussterben: 70 Prozent aller Meeresorganismen verschwinden.

Im Devon treten erste flügellose Insekten und Amphibien auf, Fische entwickeln eine enorme Artenvielfalt, kiefertragende Panzerfische und Quastenflosser sind weit verbreitet und es findet eine rasche Radiation von Landpflanzen statt.

Kambrium
543–490 Mio. Jahre

438 Mio. Jahre

Devon
417–354 Mio. Jahre

Ordovizium
490–443 Mio. Jahre

Silur
443–417 Mio. Jahre

365 Mio. Jahre

Am Ende des Devons setzt das zweite große Massensterben ein: Der Meeresspiegel sinkt rasant und führt zum Aussterben der meisten Fische.

Das Auftauchen der ersten Fische, die gleichzeitig die ersten Wirbeltiere waren, fällt in die Epoche des Ordovizium. Eine große Vielfalt mariner Lebewesen entwickelt sich.

Erste Landpflanzen treten auf und es entwickeln sich neben den häufigen kieferlosen Fischen auch die ersten Kieferfische, darunter die Lungenfische. Erste Samenpflanzen, die bei der Fortpflanzung kein Wasser benötigen, tauchen auf.

Erste Reptilien, säugetierähnliche Reptilien und Knochenfische treten in Erscheinung. Baumartige Bärlappe und Farngewächse gehören zu den vorherrschenden Landpflanzen. Im Meer verbreiten sich vor allem Schnecken, Korallen, Ammoniten und Muscheln.

Am Ende des Perms sorgen ein erneutes Absinken des Meeresspiegels sowie die Entstehung des Kontinents Pangäa für das dritte große Massenaussterben: 96 Prozent aller Meeresarten verschwinden.

In der Trias treten die ältesten bekannten Dinosaurier auf. Mehrere Gruppen von Reptilien entwickeln sich und es verbreiten sich Ichthyosaurier, Krokodile, Schildkröten, Flugsaurier sowie Säugetiere und Insekten.

Karbon
354–290 Mio. Jahre

245 Mio. Jahre

Trias
248–206 Mio. Jahre

Mesozoikum
248–65 Mio. Jahre

Perm
290–248 Mio. Jahre

208 Mio. Jahre

Ein erneutes Absinken des Meeresspiegels bewirkt am Ende der Trias das vierte Massenaussterben. Es führt dazu, dass 40 Prozent aller Arten aussterben.

Im Perm sind säugetierähnliche Reptilien weit verbreitet, auch Knochenfische, Ammoniten und Amphibien entwickeln eine große Artenvielfalt. Erste Gingkogewächse erscheinen und die Schachtelhalme gehören nun zu den dominierenden Landpflanzen.

Das Erdmittelalter, Mesozoikum, ist die Blütezeit der Dinosaurier. Es ist in drei Perioden untergliedert: Trias, Jura und Kreide.

Die Kreidezeit ist der Beginn der Säugetierentfaltung. Es entwickeln sich erste Plazentatiere, Beuteltiere und (Riesen-) Schlangen. Weiterhin treten erste Primaten, Urhuftiere, moderne Vögel sowie die ersten Blütenpflanzen auf.

Das Erdzeitalter Känozoikum, die Erdneuzeit, begann vor 65 Mio. Jahren und reicht bis zur Gegenwart. Es ist in zwei Perioden unterteilt: Tertiär und Quartär.

Kreide
144–65 Mio. Jahre

Känozoikum
65 Mio. Jahre–heute

Jura
206–144 Mio. Jahre

65 Mio. Jahre

Im Jura herrschen auf dem Land gewaltige Saurier. Außerdem entwickelt sich der *Archaeopteryx*, moderne Haie, echte Knochenfische und die ersten lebend gebärenden Säugetiere treten auf.

Am Übergang von der Kreide zum Tertiär kommt es zum fünften Massenaussterben, bei dem infolge eines Meteoriteneinschlags und ausgeprägter Vulkanaktivität 70 Prozent aller Tierarten aussterben, darunter auch die Dinosaurier.

Im Paläozän tauchen die ersten großen Säugetiere auf. Es sind etwa 15 Säugetierordnungen nachgewiesen, darunter Halbaffen, Nagetiere und Raubtiere. Im Pflanzenbereich verbreiten sich Lorbeer- und Walnussgewächse sowie Magnolien.

Paläozän
65–55 Mio. Jahre

Eine schnelle Radiation der Nagetiere findet im Oligozän statt. Es treten erste Hunde, Katzen, Hirsche und Schweine auf.

Oligozän
35–24 Mio. Jahre

Weitere Primaten und große, grasfressende Säugetiere entwickeln sich im Miozän. Eine globale Ausbreitung des Graslands bewirkt eine Evolution neuer Arten, die besonders schnell laufen können.

Miozän
24–5 Mio. Jahre

Tertiär
65–1,8 Mio. Jahre

Die Periode Tertiär ist wiederum in fünf Epochen unterteilt: Paläozän, Eozän, Oligozän, Miozän und Pliozän.

Eozän
55–35 Mio. Jahre

30 Mio. Jahre

Im Eozän tauchen die ersten Pferde, Kamele, Rüsseltiere und Primaten auf, des Weiteren entstehen die ersten Wale und Seekühe sowie Fleder- und Spitzmäuse. Viele neue Beuteltierarten entfalten sich in Südamerika und Australien.

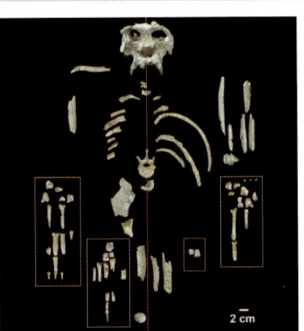

Vor 30 Mio. Jahren taucht im heutigen Ägypten der Vorfahre des modernen Menschen, der Menschenaffe *Aegyptopithecus*, auf.

Vor 5 Mio. Jahren treten in Afrika die ersten Hominiden auf, aufrecht gehende Australopithecinen, und entwickeln sich weiter. Damit erscheint im Pliozän zum ersten Mal die Gattung *Homo*.

Zu dieser Zeit lebt in Ostafrika *Australopithecus aethiopicus*. Er ist Pflanzenesser und benötigt deshalb große Backenzähne. An der Stirn hat er große Knochenwülste.

Pliozän
5–1,8 Mio. Jahre

2,5–2,3 Mio. Jahre

4,2–3,9 Mio. Jahre

Im Pliozän taucht in Ostafrika *Australopithecus anamensis,* der älteste bekannte Vertreter der Hominiden, auf. Er unterscheidet sich von den übrigen menschenähnlichen Affen: Die Beinknochen verraten einen aufrechten Gang.

4–3 Mio. Jahre

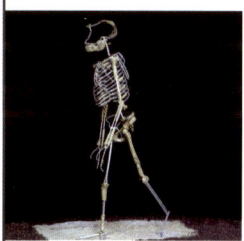

Der *Australopithecus afarensis* lebt in Afrika und ist der letzte gemeinsame Vorfahre aller später auftauchenden Menschenarten. Er besitzt nur ein kleines Gehirn, hat kurze Beine und lange Arme. Das erste gefundene Fossil dieser Art ist unter dem Namen „Lucy" bekannt geworden.

2,5 Mio. Jahre

Vor 2,5 Mio. Jahren lebt *Australopithecus africanus* im südlichen Teil Afrikas. Er ist ein Gemischtköstler.

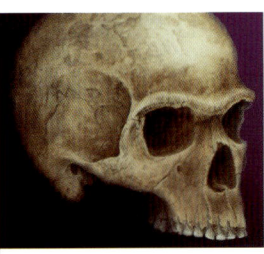

Ebenfalls vor 2,5 Mio. Jahren kapselt sich die Gattung *Homo* vom Familienstammbaum der Hominiden ab. Sie existiert rund 1,5 Mio. Jahre neben *Australopithecus*. *Homo* hat im Vergleich zu *Australopithecus* ein größeres Hirn, kleinere Zähne und einen Kehlkopf, der das Sprechen ermöglichte.

Die Periode Quartär teilt man in zwei Epochen auf: Pleistozän und Holozän.

2,5 Mio. Jahre

Quartär
1,8 Mio. Jahre–heute

2–1,5 Mio. Jahre

2–1 Mio. Jahre

Pleistozän
1,8 Mio.–10 000 Jahre

Im südlichen Afrika lebt *Australopithecus robustus*. Er ist groß und stark und hat mächtige Backenzähne. Man glaubt, dass er sich hauptsächlich von Pflanzen ernährte.

Der *Homo habilis* lebt in Ostafrika. Im Gegensatz zu den Australopithecinen hat er ein größeres Gehirn und kann Werkzeuge herstellen.

Als Folge häufiger Wechsel von Warm- und Kaltzeiten verändern sich im Pleistozän die Flora und Fauna. Viele Eiszeittiere sterben aus und andere wärmeliebende Großsäugetiere tauchen auf. In Afrika findet eine beschleunigte Evolution der ersten modernen Menschen statt.

In Afrika taucht der *Homo erectus* auf. Er wandert nach Europa und Asien ein. Im Vergleich zu *Homo habilis* hat er ein größeres Gehirn. Er stellt Werkzeuge her und gebrauchte wahrscheinlich Feuer. Er ernährte sich auch von Fleisch und war vermutlich zu einer einfachen Sprache fähig.

1,8 Mio.–300 000 Jahre

Der relativ leicht gebaute *Homo sapiens* entwickelt sich in Afrika. Er trägt Kleidung, verwendet Feuer zum Kochen, Räuchern und Trocknen und ist zu einer komplexen Sprache fähig.

200 000–140 000 Jahre

Homo sapiens sapiens breitet sich von Afrika aus und existiert in Asien und Europa neben *Homo neanderthalensis*.

100 000 Jahre

1 Mio. Jahre

Vor rund 1 Mio. Jahren sind sämtliche Australopithecinen ausgestorben.

250 000–30 000 Jahre

In Europa und Asien lebt der stämmige *Homo neanderthalensis*, der vermutlich eine entwickelte Sprache gebraucht. Er trägt Kleider und zeigt Anzeichen einer Kultur. Bestattungen, Schmuck und künstlerische Gegenstände zeugen davon.

120 000 Jahre

Der moderne Mensch, *Homo sapiens sapiens*, entwickelt sich.

In der jüngeren Altsteinzeit, im Jungpaläolithikum, stellen die Menschen in Europa und im Vorderen Orient verschiedene Waffen und Werkzeuge her. Typische Merkmale dieser Kultur sind Speer- und Pfeilspitzen aus Stein, Kleidung aus Häuten sowie eine zeremonielle Bestattung der Toten.

40 000–10 000 Jahre

Im Neolithikum, der Jungsteinzeit, entfaltet sich der Ackerbau und verdrängt langsam das Jagen und Sammeln. Daraufhin folgt ein Überschuss an Nahrungsmitteln, der zu Bevölkerungswachstum führt. Merkmale dieser Zeit sind die Domestizierung von Tieren und die Entstehung erster Dörfer und Städte.

12 000 v. Chr.

30 000 Jahre

Holozän
10 000 Jahre–heute

Wegen der schnellen kulturellen und technologischen Entwicklung wird der *Homo sapiens sapiens* weltweit zur dominierenden Art. Er ist nun die einzige Art der Gattung *Homo*.

Das Holozän umfasst den urgeschichtlichen Bereich. Dazu gehören also die kulturelle Entwicklung des Menschen und die Veränderung der natürlichen Umwelt durch ihn.

Literaturverzeichnis

Allman, William F.: Mammutjäger in der Metro – Wie das Erbe der Evolution unser Denken und Verhalten prägt, Heidelberg, Berlin 1999

Darwin, Charles: Die Entstehung der Arten, Stuttgart 2005

Diamond, Jared: Der dritte Schimpanse – Evolution und Zukunft des Menschen, Frankfurt 2006

Glaubrecht, Matthias; Kinitz, Annette; Moldrzyk, Uwe: Als das Leben laufen lernte – Evolution in Aktion, München, Berlin 2007

Grolle, Johann: Evolution – Wege des Lebens, München 2005

Husemann, Dirk: Neandertaler – Genies der Eiszeit, Frankfurt 2005

Johanson, Donald; Edgar, Blake; Brill, David: Lucy und ihre Kinder, Heidelberg, Berlin 2006

Junker, Thomas: Die Evolution des Menschen, München 2006

Kuckenburg, Martin: Der Neandertaler – Auf den Spuren des ersten Europäers, Stuttgart 2005

Kutschera, Ulrich: Evolutionsbiologie, Stuttgart 2006

Leakey, Richard: Die ersten Spuren – Über den Ursprung des Menschen, München 1999

Mayr, Ernst: Das ist Evolution, München 2005

Omphalius, Ruth: Der Neandertaler – Neues von einem entfernten Verwandten, Reinbek 2006

Röhrlich, Dagmar: Evolution auf der Achterbahn, Berlin 2006

Schmitz, Ralf W.; Thissen, Jürgen: Neandertal – Die Geschichte geht weiter, Heidelberg, Berlin 2002

Schrenk, Friedemann: Die Frühzeit des Menschen – Der Weg zum Homo sapiens, München 2003

Schrenk, Friedemann; Müller, Stephanie; Hemm, Christine: Die Neandertaler, München 2005

Register